城市典型地物
点云配准与要素提取

李 鹏 著

电子工业出版社·
Publishing House of Electronics Industry
北京·BEIJING

内 容 简 介

本书从城市典型地物的点云数据配准与要素提取两个环节入手，在解决集效率与精度于一体的点云数据配准问题的基础上，通过点云精细特征表达来充分挖掘潜在的点云信息，实现基于 MLS 数据的城市道路和行道树的高精度提取。全书内容包括激光点云数据处理概论、激光点云数据处理基本理论、ICP 算法分析、基于初始 4 点对的点云配准方法、特征描述优化的颜色信息点云快速配准、基于区域增长法的城市道路自动提取，以及基于体素分层的城市行道树提取等。

本书适合地理信息科学、测绘工程、导航工程、信息技术等专业作为课程学习参考资料，也可作为相关专业领科研工作者的参考资料。

图书在版编目（CIP）数据

城市典型地物点云配准与要素提取 / 李鹏著. —北京：电子工业出版社，2024.1
ISBN 978-7-121-46933-6

Ⅰ. ①城… Ⅱ. ①李… Ⅲ. ①城市－地理信息系统－数据处理 Ⅳ. ①TU984

中国国家版本馆 CIP 数据核字（2024）第 006600 号

责任编辑：窦　昊　　文字编辑：刘怡静
印　　刷：三河市华成印务有限公司
装　　订：三河市华成印务有限公司
出版发行：电子工业出版社
　　　　　北京市海淀区万寿路 173 信箱　邮编：100036
开　　本：787×980　1/16　印张：12.25　字数：207 千字
版　　次：2024 年 1 月第 1 版
印　　次：2024 年 1 月第 1 次印刷
定　　价：88.00 元

前　言

随着激光扫描技术的发展成熟，三维激光点云数据由于精度高、获取速度快的优点，越来越广泛地用于城市规划、建设、管理等工作中。然而，点云数据的处理、利用也存在噪声干扰性高、单次采集区域有限、识别算法复杂等缺点，这给研究带来一定的难度。如何针对点云数据的局限性，解决点云数据的快速拼接以及城市地物要素自动提取，是目前点云数据研究的重要课题。本书从城市典型地物的点云数据配准与要素提取两个环节入手，在解决集效率与精度于一体的点云数据配准的基础上，通过点云精细特征表达来充分挖掘潜在的点云信息，实现基于 MLS 数据的城市道路和行道树的高精度提取。

全书共 7 章。第 1 章为概论，介绍激光点云技术数据处理及其应用，并简单介绍本书的核心内容；第 2 章介绍激光点云数据处理基本理论，包括点云数据结构、点云特征描述、点云配准、点云分割等内容；第 3 章针对 ICP 算法的优缺点，重点分析算法的评价准则和评价结果；第 4 章提出一种基于初始 4 点对（FIPP）的点云配准方法；第 5 章提出一种基于点云颜色信息的快速配准方法；第 6 章提出一种基于区域增长法的城市道路自动提取方法；第 7 章提出一种基于体素分层的城市行道树提取方法。

本书适合地理信息科学、测绘工程、导航工程、信息技术等专业作为课程学习参考资料，也可为相关科研工作者提供基础数据和研究思路。

书中图片出书时以单色印刷，读者可登录华信教育资源网（www.hxedu.

com.cn）下载彩色图片。

由于作者水平有限，谬误、不当及疏漏之处在所难免。当前，激光点云数据处理技术处于迅速发展阶段，虽然我们力求与时俱进，反映该领域中的最新成果，但未必如愿。真诚希望广大读者批评指正。

感谢安徽省高校自然科学研究项目"多源激光点云融合下城市建筑物几何重建"（KJ2021A1077）、"众源数据协同的江淮丘陵地区塘坝系统识别与多尺度分析"（KJ2021A1084），以及滁州学院自然科学研究重点项目"基于 MLS 的城市地理要素提取技术研究"（2022XJ2D03）对本书出版工作的资助。

目　　录

第1章　激光点云数据处理概论

1.1　激光雷达与点云数据处理

　　激光雷达（也称为光探测及测距，Light Detection And Ranging，LiDAR）是一种结合激光技术与现代光电探测技术的先进探测方式。它沿着特定的测量路径向目标发射激光束，接收器对从目标反射回来的激光进行接收和分析。接收器记录激光脉冲从离开系统到返回系统的精确时间，以此计算传感器与目标之间的距离。这些距离测量值再结合扫描角度、GPS 位置和 INS（惯性导航系统）信息等，最终将目标转换为实际三维点的测量值。激光雷达并不是每次仅发射一束激光，而是通过沿着特定方向旋转，密集发射不同角度的激光束，因此，激光雷达一次可以产生大量高精度点的三维空间坐标值。

　　随着测绘数据采集技术的飞速发展，三维激光点云数据大量应用于地理空间的研究中，成为继 GPS 数据之后又一重要的数据来源。国家测绘地理信息局早在 2012 年提出的"十二五"规划中，就将"基于激光点云与影像的智能化空间信息提取"作为重大科技任务的子任务之一。基于点云数据的智能化空间信息提取不但提高了空间数据的获取速度，而且极大地提高了地理空间服务的效率；"十三五"规划在加强应急测绘建设中更是提到了"提升国家应急测绘数据处理能力"。激光点云数据作为应急测绘数据的来源之一，其智能化处理能力的提高为应急测绘建设提供支持。

　　激光点云数据由激光扫描设备采集而来，其利用激光测距的原理获取对象表面的点的相对坐标信息。不同的是，激光扫描设备可以在短时间内以面状或球体的方式发射多个激光束，这种测量方式极大地提高了地理空间数据的采集速度。尽管点云数据的空间位置信息是基于相对坐标的，但同一相对坐标系下点与点之间的距离与真实世界是一致的，这给后期的研究带来一定的好处。此外，点云数据因扫描设备自身的特性而具有非常高的精度，其采样密度甚至可以达到 0.1 毫米级别，这也给从点云数据中提取特定地理要素带来了极大的便利。按照数据获取的来源划分，3D 点云数据主要包括机载点云（Airborne Laser Scanning，ALS）、地面点云（Terrestrial Laser Scanning，TLS）和移动车载点云（Mobile Laser Scanning，MLS）。其中，ALS 数据是激光扫描设备搭载在无人机上采集的，具有获取速度快的优点，但数据采样密度和精度最低；TLS 数据是基于地面固定基站采集的，具有较高的精度但移动性较差；MLS 数据是通过移动车辆上的扫描设备采集的，其获取速度快于TLS，数据精度高于 ALS，目前在路线规划、公路设计和道路提取等方面得到广泛应用。

随着我国城市化发展进程的加快，城市规划、建设和管理等环节急需借力于新兴技术，激光点云技术的发展恰好赶上这一契机。点云数据由于其获取速度快、精度高且具有真实相对位置的优点，可以应用于道路检测、地图更新、导航定位、精细城市三维建模、文物保护、建筑物形变检测等众多与城市密切相关的行业。对于上述这些行业应用，从点云数据中提取出城市主要的地理要素是其重要前提。如何从无序的三维激光点云数据中正确提取出城市道路、行道树、建筑物，甚至车辆、路灯、花坛等，是当前基于点云数据处理与研究的热点。

然而，基于点云数据的城市要素提取研究也存在一些制约因素。首先，由于扫描仪器、采集对象以及随机误差因素的影响，点云数据在采集过程中会产生大量的噪声，噪声与有用信息混杂在一起，给后续的地理信息挖掘带来一定困难。其次，在一些较大的研究区域，由于遮挡等原因，点云数据无法实现通过一次数据采集即可完整获取，需要通过点云配准将其拼接到同一个场景中。第三，关键的是原始的点云数据既是无序的也没有拓扑结构，无法直接对其进行对象的提取与识别，需要通过大量的算法进行特征提取。

一般而言，基于点云数据的城市地理要素提取主要有两个阶段，分别是点云数据预处理和地物要素提取。数据预处理工作包括点云配准、点云去噪、点云简化、空洞修补等。其中，除了点云配准是必不可少的环节，其他内容均可被替代或忽略。点云去噪用来剔除原始点云中的噪声数据，而在要素提取环节，健壮性强的算法可以排除干扰；点云简化通过降采样方式产生较少的点数，但同时牺牲了点云的精度，而高效的要素提取算法可以在一定程度上弥补非简化点云的损失；空洞修补是用来修复数据采集时因遮挡或其他原因导致丢失的区域，但其主要用于精细三维建模，用在城市地理要素的提取中反而增加了工作量，降低效率。由于点云数据是在不同位姿下采集获得的，每个位姿下的点云均是相对坐标，所以在较大场景的应用中，必须通过点云配准将不同局部坐标系下的点云拼接到一个坐标系下。目前，传统点云配准的最佳方案是将其拆分为粗配准和精配准两个过程，是否有更好的方法仅用一个步骤即可完成点云配准，同时又能够取得很高的配准精度？这是值得研究的内容。

　　另外，城市地理要素提取环节是核心内容。在这些地理要素中，道路、树木以及建筑物等构成城市的主要框架。道路作为城市的一种重要结构，一直以来在城市居民的生活中有重要作用，城市道路要素的获取不仅可以为其他要素提供背景线索，也能为道路测量、自主驾驶导航等应用提供重要的支撑。城市植被尤其是树木一直以来都受到广泛关注，在现代城市空间数据管理中发挥重要作用，例如，三维树木模型库、环境监测、城市景观规划等。城市建筑物则可以为城市三维建模、地标定位、三维街道场景构建等应用提供重要的数据依据。在激光点云的三种数据中，ALS 数据由于其自顶向下的采集形式，导致树木的树干以及部分道路被树冠遮挡，同时建筑物立面信息也无法获取；TLS 数据因其较差的移动性也不适用于城市地理要素的提取；MLS 数据有效避免了前两者的缺点，可以较好地应用于城市地理要素的提取。采集 MLS 数据的激光扫描设备靠近道路，因此道路和树木的信息较为完整，而建筑物信息则有所缺失。由于采集角度的原因，建筑物的顶部信息完全丢失，同时部分立面信息被遮挡；此外，楼层越高，采样越稀疏。目前，针对建筑物的提取，要么借助于其他多种点云数据进行加密，要么仅仅生成其简要模型。

本书从城市典型地物点云数据配准与要素提取两个环节入手，在解决集效率与精度于一体的点云数据配准问题的基础上，通过点云精细特征表达充分挖掘潜在的点云信息，实现基于 MLS 数据的城市道路和行道树的高精度提取。本书的研究可以为城市规划、景观设计、3D 地图导航、对象识别等应用提供技术支持。

1.2　激光点云技术数据处理的应用

激光点云技术在数据采集方面具有速度快、精度高等优点，随着激光扫描设备的普及被广泛应用于各领域。

1.2.1　测绘工程

（1）地形测绘

LiDAR 技术是现有遥感技术中少有的可以穿透植被冠层获取地面数字高程模型的技术，通过激光雷达数据的建模，可提供数字高程模型等一系列包括高度、坡度、坡面、坡向在内的地形产品，可用于城市、森林、山地、海洋等各类三维地形模型建设。同时，辅以高分辨率遥感影像，可提供天地一体化的详细对地观测产品服务。

利用激光雷达设备获取三维地物点云信息，点云精度与密度满足 1∶1000 比例尺测绘要求，从而可快速制作 1∶1000 比例尺 DLG（数字线图）。DLG 涵盖的要素为居民地、独立地物、电力线、植被、水系、地形（等高线、高程点等）、地貌（沟、坎、崖、石堆等）、交通设施、测绘产品。

（2）地籍测量

地籍测量是土地管理工作的重要基础。地籍测量以地籍调查为依据，以测量技术为手段，精确测出各类土地的位置与大小、境界、权属界址点的坐标与宗地面积以及地籍图，满足土地管理部门和其他国民经济建设部门的需要。地籍测量在土地权属调查的基础上，借助测量仪器，以科学方法，测量一定区域内每宗土地的权属界线、位置、形状及地类等，并计算其面积，绘制地籍图，为土地登记提供依据。目前，地籍测量一般使用全站仪和 RTK（网络实时动态定位）仪进行数据采集，或借助航空摄影测量的方法完成。这两种方法完成地籍测量的周期较长，需要投入大量的人力、物力，测量结果只能以二维的形式体现，使得地籍测量很难向三维空间扩展。

三维激光扫描技术的出现使三维地籍测量成为可能，它具有精度高、速度快、使用方便的特点，对地籍测量具有重要的实用意义。激光雷达技术应用于地籍测量工作，形成从数据获取、数据处理到成果输出的全新技术流程。采用该技术，不但可以节省人力、物力，有效提高作业效率，而且能获得高精度的作业成果。

（3）矿业测量

土方量计算中的传统方法是采用全站仪或 GPS+RTK 测量堆积物表面的离散点坐标，然后计算矿石堆的体积。由于这些堆积物表面形状比较复杂，测量的离散点有限，部分高程无法观测，实践过程中只能通过等高线模拟得到矿石堆体积；采用摄影测量求取矿石堆体积时，难以确定一些堆积物的同名点对，精度较差，测量结果误差较大。激光雷达技术的发展及硬件软件的快速更新迭代，使得测定煤堆储量的工作有了更便捷的手段。无人机激光雷达扫描系统采集煤堆表面三维点云数据，利用点云数据处理软件进行煤堆表面模型的构建，生成准确的煤堆三维立体模型，并利用此模型进行煤堆体积的计算。

（4）变形监测

变形监测的特点是精度要求较高，三维激光扫描恰恰满足了变形监测的精度要求。三维激光扫描的单点定位精度一般可以达到毫米级，其模型精度还要远高于这个精度，因此，三维激光扫描技术可以满足高层建筑的沉降观测、山体滑坡变形监测及局部区域的地表沉降观测的精度要求。

三维激光扫描技术以非接触方式采集数据，具有较高的测量精度和数据采集效率。与基于全站仪或 GPS 的变形监测相比，其获得的是海量点云数据，实现了测量技术从点到面的飞跃，有效避免了以往基于变形监测点数据的应力应变分析结果带有的局部性和片面性。

地面三维激光扫描技术具有非接触性、高精度等特点，具有广阔的应用前景。在变形监测中，三维激光扫描技术较其他监测技术手段在数据采集效率、数据精度、数据处理速度及变形分析的准确性方面具有明显优势。

1.2.2 导航定位

（1）无人驾驶

在无人驾驶领域，激光雷达的作用与在机器人领域相当，主要是帮助车辆自主感知道路环境、自动规划行车路线，并控制车辆到达预定目标。激光雷达根据激光遇到障碍物后的折返时间，计算目标与自身的相对距离。激光光束可以准确测量视场中物体轮廓边沿与设备间的相对距离，这些轮廓信息组成所谓的点云并绘制出 3D 环境地图，精度可达到厘米级，从而提高测量精度。

随着无人驾驶技术的兴起，激光雷达在无人驾驶中起到非常重要的作用，可帮助车辆定位实时位置信息。有了准确的位置信息，系统才能做出判断，决定下一步向何处前进。特别是在一些建筑物和树木较多的地方，以及进出隧道易出现信号中断的场合，虽然可用摄像头等传感器感知周围环境，据此构建环境模型并利用该模型确定车辆所在的位置，但其对环境的依赖比较强，比如逆光或雨雪天气下很容易导致定位失效。激光雷达依靠将车辆的初始位置与高精地图信息进行比对来获得精确位置，可有效避免此类事件的发生。首先，GPS、IMU 和轮速等传感器给出一个初始（大概）的位置；其次，将激光雷达的局部点云信息进行特征提取，并结合初始位置获得全局坐标系下的矢量特征；最后，将上一步所得矢量特征和高精地图的特征信息进行匹配，得出精确的全球定位数据。所以，在定位方面，无论是从精度上还是从稳定性上来说，使用激光雷达都有不可比拟的优势。

（2）智能机器人

自主定位导航是机器人实现自主行走的必备技术，不管什么类型的机器人，只要涉及自主移动，就需要在其行走的环境中进行定位导航，但传统的定位导航方法智能化水平较低，没有解决定位导航的问题，激光雷达的出现在很大程度上化解了这个难题。机器人采用的定位导航技术是以激光雷达 SLAM 为基础的，增加视觉和惯性导航等多传感器融合方案，帮助机器人实现自主建图、路径规划、自主避障等任务。它是目前性能最稳定、可靠性最强的定位导航方法，使用寿命长，后期改造成本低。

1.2.3　文物古迹保护

通过三维激光扫描技术，可快速获取文物的点云信息，完整翔实地还原对象的三维表面细节，为文物的变化检测、后期修复、古建筑的研究提供精确全面的数据。

三维文物重建可以提供对文物、古建筑的激光扫描数据采集，并通过对扫描数据的加工分析，提供三维文物的模型产品，保存文物、古建筑的真实景观。激光雷达技术可以快速生成文物的三维高精度点云模型，并还原文物本来的面貌，具有不用接触被量测目标、扫描速度快、点位和精度分布均匀等特点，使用户在很短的时间内获得所需数据，大大减少文物 3D 建模的时间，从而快速实现文物数字档案、文物三维展示、文物保护复制、文物修复等应用。

（1）文物修复

通过对文物进行三维扫描、建模与修复，可以还原文物真实原貌，并可对破损的文物进行拼接复原和模拟修复。无接触式扫描避免了对文物造成损害，根据三维数据还可发现易损部分，有助于制定保护方案。

（2）文物复制

传统的文物复制采用石膏翻制模具的方法。当文物格外珍贵且有独特风格时，不宜采用这类传统的方法；利用三维扫描仪采集文物数据，可无接触式扫描，不影响文物外观，可以较精准、快速地进行文物复制。

（3）衍生品设计与制造

在三维模型数据的基础上调整尺寸，甚至修改与再设计，在不对文物造成损坏的同时进行衍生品的设计与制造。这可以让实体文物快速变成三维模型，便于加工生产，变成市面上的可售产品。

（4）数字博物馆展示

利用激光三维扫描仪，对文物和遗迹进行全方位扫描，迅速获取三维数据，还原出三维场景，经过设计和场景搭配，制作出栩栩如生的文物遗迹场景，结合声光电的演示，给参观者带来身临其境的体验。

1.2.4 电力线巡检

输电线路（电力线）巡检是电网运营维护管理部门的一项重要工作，为确保电力线的运营安全，通常要定期对线路进行巡检，以便及时发现和排除安全隐患。随着高电压、大功率、长距离输电线路越来越多，线路走廊穿越的地理环境也越来越复杂，如经过大面积的水库、湖泊和崇山峻岭，这使得对线路的运行维护日趋困难。人工为主的巡检模式因巡视效果差、工作效率低等原因难以满足需要。

激光雷达技术可用于电力线巡检。传统的巡检方式空间定位精度不高，难以精确判断线路走廊地物到线路的距离，无法快速分类整理。机载 LiDAR 测量系统可以更好地解决这些问题，其从激光雷达数据中完整提取电力线点，并三维重建电力线走廊。此外，机载激光雷达技术还可以通过激光测量多次回波，在一次测量的同时获取电力线、电力设施、植被、地表构造物的三维坐标，在数字地面模型和高分辨影像支持下，实现高效率、高精度巡检。

通过无人机激光雷达系统和数据处理系统，可以为输电线路监护人员提供数据支撑，发现输电线路设施设备异常和隐患，以及线路走廊中被跨越物对线路的威胁。利用机载激光雷达测量系统获取的高精度点云数据，可以检测建筑物、植被、交叉跨越等对线路的距离是否符合运行规范。

在三维激光点云可视化平台中，以电力线走廊内的关键对象——电力线与电力塔为核心，形成柱状探查空间，同时标识高大植被、高层建筑、穿越线路等关注地物，分析它们的拓扑关系与相互作用，从而提示危险排查区域。

1.2.5 地质灾害应急

地质灾害是指以地质动力活动或地质环境异常变化为主要成因的自然灾害，其会造成人民生命安全和财产的巨大损失。随着世界人口数量的增长和城市的快速扩张，遭受地质灾害的人群在不断增多。尽管不可能完全阻止地质灾害的发生，但人们还是尽可能地创造知识、设计方法和框架去评估和减小地质灾害的潜在影响。

地质灾害虽然不能完全避免，但是可以通过前期的监控为决策部门提供数据支撑，从而降低灾害带来的损失。目前，地质灾害研究主要包括地质灾害识别、监测、预警、易发性评价、易损性评价、风险管理和致灾机理研究等，在这些研究中，除了要获得灾害体物理力学参数如地层岩性和地质体强度等，还要获得与地理位置有关的高程、坡度、坡向、表面曲率和水系因子等数据。前面那些数据主要通过现场地质调查和室内或原位实验获取，后面那些数据则需要进行地形测量。传统的地形测量方法主要是使用全站仪或 GPS 进行人工测量，这种测量方法费时费力且数据分辨率较低，在人力不可及或无 GPS 信号的场景下则束手无策。

近年来，迅猛发展的摄影测量和 LiDAR 技术，使得地质灾害精细测绘成为可能。相较于摄影测量技术，LiDAR 技术具有更高的数据精度和数据分辨率，且适应性更强，不受云雾和光照的影响。同时，不同的搭载平台还能满足地质灾害领域的多角度和多尺度研究。在滑坡、崩塌、泥石流、地裂缝和地面沉降等常见地质灾害研究中，LiDAR 技术正成为一种常备的研究手段。

1.2.6　海洋工程

声呐是传统的水中目标探测装置。根据声波的发射和接收方式，声呐分为主动式和被动式，其可对水中目标进行警戒、搜索、定性和跟踪。然而，声呐体积很大，质量一般在 600kg 以上，有的甚至达几十吨。激光雷达利用机载蓝绿激光器发射和接收设备，发射大功率窄脉冲激光探测海面下的目标并进行分类，既简便，精度又高。如今，机载海洋激光雷达以第二代系统为基础，增加了 GPS 定位和定高功能，系统与自动导航仪连接，实现了航线和高度的自动控制。

美国诺斯罗普公司为美国国防部高级研究计划署研制的 ALARMS 机载水雷探测系统，具有自动、实时检测功能和三维定位能力，定位分辨率高，可以 24 小时工作，采用卵形扫描方式探测水下可疑目标。美国卡曼航天公司研制的机载水下成像激光雷达，可对水下目标成像。由于成像激光雷达的每个激光脉冲覆盖面积大，因此其搜索效率远高于非成像激光雷达。另外，成像激光雷达可以显示水下目标的形状等特征，更便于识别目标，这是成像激光雷达的一大优势。

激光雷达与海洋生物相关的应用主要体现在渔业资源调查和海洋生态环境监测两方面。前者常采用蓝绿脉冲光作为激发光源，通过对激光回波信号的识别提取获得鱼群分布区域和密度信息，结合偏振特征分析可对鱼群种类进行识别；后者常采用海洋激光荧光雷达，通过对激光诱导目标物发射的荧光等光谱信号的探测分析，获得海洋浮游生物及叶绿素等物质的种类和浓度分布信息。

1.2.7　农林资源调查

（1）森林资源调查

森林资源调查主要是查清森林、林木和林地资源的种类、分布、数量和质量，以客观反映调查区域森林经营管理状况，具体包括森林结构参数的提取等。传统测量方法主要依赖地面清查与遥感影像估算，其估算精度有限，而激光雷达为上述森林参数的提取提供了一种新的技术手段。

利用激光雷达技术获取的高精度点云数据，经过进一步分析处理可得到林区的生物量、蓄积量、冠层高度、冠层覆盖度甚至林区单木的位置、高度等信息。该方法可以极大地减少人工普查工作量，提高森林资源调查的效率和准确度，特别是在人员难以到达的地区，可以大大提高调查效率。

此外，基于激光雷达点云数据进行单木分割，估测树高、胸径、蓄积量、郁闭度等参数，不但可以显著提高森林面积、蓄积量的调查精度，而且可以大幅度减少地面调查工作量、提高工作效率、减轻劳动强度，具有传统森林调查方法不可比拟的优势。激光雷达技术能够同时获取森林冠层表面的水平结构和垂直结构信息，基于高密度的激光雷达点云数据，不仅能够获取林分尺度的森林参数，也可以提取单木尺度的森林参数。基于点云数据获取单木尺度的森林参数，首先要进行单木分割，单木分割方法可分为基于 CHM（冠层高度模型）的分割和基于点云的分割。

（2）农业生产监测

田间作物表型信息反映了作物的生长发育规律与生长环境的关系。传统的田间作物表型信息的采集一般通过人工以手动测量方式获取，耗时耗力且数据客观性差，作物表型研究对数据质量以及观测样本数量的需求无法很好地得到满足。基于此，以激光雷达作为核心传感器的大型田间作物表型信息平台的出现，很好地满足了田间作物精细表型信息采集的需求。温室作为农业科研实验实施的重要环境之一，能够实现在控制环境下进行相关作物在不同水肥条件下的表型信息以及生理生化参数的采集和分析，可实现盆栽单株水平的作物表型数据的采集。

激光雷达技术能够提供作物真实的三维坐标信息，并进一步用于提取目标作物的三维结构信息，近年来在植物表型信息领域取得了一系列进展。其中，实现基于 LiDAR 的作物单株识别和茎叶分割，将很大程度上解决目前表型监测面临的田间计算困难等难题。

1.2.8　城市规划与设计

（1）城市规划

城市规划长期以来把地形图数据作为底图，但传统测绘调查耗时费力，限制了其更新周期，经常出现地形图与实际情况不符的情况，而且精度不够、信息量有限。三维激光扫描技术能够给城市规划工作者提供高精度的地形三维扫描数据，以及建筑物、立交桥、电力线等城市三维信息。获取的三维数据可生成高精度的数字地面模型（DEM）、等高线图及正射影像图。将点云数据获取的物体模型与影像配准，可以形成高精度的三维模型。传统城市规划工作中用到的现状地形图，往往由于没有更新和缺乏足够的标高而无法满足竖向规划的需要。激光扫描技术可以准确获取规划区域的三维地形，解决城市规划用地的各项控制标高问题，使建筑物、道路、排水设施的标高相互协调；同时，点云数据可以为道路网的规划提供三维模型，使城市道路的坡度设计既能配合地形又能满足交通上的要求。此外，根据激光点云数据建立规划区域精细的 DEM，可以辅助做好土石方工程的平衡，减少土石方工程量。

（2）数字城市

近年来，数字城市建设如火如荼，三维地理信息逐渐代替二维地理信息，成为数字城市建设的主要内容。其中，作为数字城市建设工作基础的三维地理信息获取显得尤为重要。传统测量手段已经跟不上城市建设的步伐，三维激光扫描仪的出现为准确快速获取城市地理信息提供了保证。

在数字城市建设中，激光雷达技术主要应用于如下领域：基于三维点云数据快速提取建筑物模型，从而获取城市的三维信息数据，应用于城市的整体规划设计；用于旧城改造过程中建筑物和土地资源的评估和监测；用于灾害应急的分析等。

传统的城市规划与设计通过规划设计平面图、效果图以及沙盘模型等方式来展示设计成果。LiDAR 系统的应用将各种规划设计方案定位于虚拟的三维现实环境中，用动态交互的方式对其进行全方位的审视，评价其对现实环境的影响，以此判断空间设计规划的合理性，在降低设计成本的同时提高了规划效率及规划效果。

1.3　点云配准与要素提取研究内容

点云配准与要素提取的核心研究内容主要包括点云数据自动配准、城市道路要素提取与城市树木提取等。

1.3.1　点云数据自动配准

在 3D 点云数据获取过程中，每个站采集的点云数据的三维坐标值都将激光扫描仪作为坐标原点，因此，各站采集的点云数据需要通过点云配准将其对准到同一个场景中。假定两个点云数据集（以下简称点集）P 和 Q，P 为待配准的点云数据集（以下简称配准点集），Q 为源点云数据集（以下简称目标点集）。点云配准则是寻找一个最佳的刚体变换矩阵以使得 Q 变换为 Q'，且 P 和 Q' 的重叠区域尽可能地靠近。

（1）ICP 算法配准

为解决配准问题，Besl 和 McKay（1992）提出了最近邻域点迭代（也称迭代最近点，Iterative Closest Point，ICP）算法。ICP 算法基于迭代优化，将目标点集和配准点集中的最近邻点对（最近邻域点对）作为其对应关系，从而生成变换矩阵，并依据该矩阵将配准点集转换至新的坐标，然后，不断重复上述步骤直到精度满足要求。ICP 算法不但具有很高的配准精度，而且具有健壮性。然而，ICP 算法也有其缺点。首先，ICP 算法要求两个点集的初始位置相近，否则极易陷入局部最小化陷阱；其次，大量的迭代会导致 ICP 算法的计算复杂度非常高（Rusu，2010）。为了弥补 ICP 算法的缺陷，大量学者致力于改善 ICP 算法的研究，例如，改进降采样的方法（Gelfand 等，2003）、点对点对应关系的搜索方法完善（Benjemaa 等，1999）、基于动态调整因子的加速配准（Li 等，2015）以及提高配准精度（Han 等，2016）等。由于 ICP 算法的过程涵盖了参与运算的点数、最近邻点搜索（最近邻域点搜索）、迭代次数等环节，因此，目前的研究大都针对这些环节进行算法优化。

在参与运算的点数优化方面，由于在 ICP 算法运行中，每次迭代后都是通过计算两个点集中最近点的距离来判断两个点集的同名点对，因此参与搜索的点数越少，计算时间越少。这个环节大都通过点云简化或点云降采样来完成。降采样的方法主要包括均匀采样、随机采样（Masuda，1996）以及基于特征的采样（Sappa 等，2001）。

在提高最近邻域点搜索效率方面，由于 ICP 算法每次均将当前点集中的点与在另一个点集中的最近邻域点默认为同名点对，因此最近邻域点的搜索方式也影响 ICP 算法的效率。在早期，主要是基于全局搜索的方法进行，但这种方式效率极低。随着 KD 树、八叉树等数据结构的产生，点云数据处理中引入了最近邻域问题（Zhang，1994；Greenspan 等，2001），大大加快了搜索速度，提高了 ICP 算法在此阶段的效率。

在减少迭代次数方面，提高 ICP 算法效率的另一个途径是提高收敛速度。由于 ICP 算法是通过同名点对计算刚体变换矩阵的，因此，同名点对选取越准确，迭代次数越少。传统的 ICP 算法在搜索同名点对时是基于点对点的欧几里得距离进行判断的，这种方法只能通过点的空间位置进行判断，其收敛速度取决于两个点集的初始位置。其后，出现了众多改进方法，例如，点到线（Censi，2008；Zhu 等，2009）、点到面（Park 等，2003；Low，2004）的距离判断准则，以及将点的特征信息加入判断准则中（Chen 等，1992）。这些方法在一定程度上均能够提高 ICP 算法的收敛速度。

（2）全局配准

尽管出现了大量改进 ICP 算法的方法，但是仍然没有一种单一方法能够解决 ICP 算法的所有缺陷，尤其是如何避免出现陷入局部最优解的现象。针对这个问题，现有的解决方法是将点云配准拆分为两个阶段：全局配准（或称粗配准）和局部配准（或称精配准）。第一阶段为全局配准阶段，依据两个点集的全局特征构建一个简单的变换矩阵，将其大致对准在一起；第二个阶段则利用 ICP 算法对点集 P 和 Q 执行局部配准。由于点集 P 和 Q 在全局配准后非常接近，这种方法在执行局部配准时可以避免 ICP 算法的缺点，不但提高了 ICP 算法的收敛速度，而且减少了迭代次数。

全局配准的研究主要集中在三个方面：

- 点特征描述子；
- 对应关系的搜索策略；
- 刚体变换矩阵的求解。

首先，点特征描述子侧重于用一系列数值的形式描述某个点周边的局部形状。使用点特征描述子可以表征各点相互间的差异，而通过设定一个准则，可以选取数量较少但具有显著特征的点。这不但可以减少配准中需关注的点数，也更容易发现两个点集中同名点的相似性。在目前已有的描述子中，法线和表面曲率不具有健壮性且易受噪声和邻域半径的影响（Julge 等，2014）；不变矩（Sadjadi 等，1980）、球面谐波不变量（Burel 等，1995）和积分卷描述子（Gelfand 等，2005）具有健壮性但对噪声仍然敏感。其后，很多计算机邻域中的对象识别方法被引入了点云配准，例如，旋转图像（SI）（Foster 等，2008）、3D 形状上下文（3DSC）（Lee 等，2007）、点签名（Chua 等，1997）、曲率直方图（Hetzel 等，2001）、点特征直方图（PFH）（Rusu 等，2009）、快速点特征直方图（FPFH）（Rusu 等，2009）、旋转投影统计（RoPS）（Guo 等，2013）、局部表面斑块（LSP）（Guo 等，2014）、三倍旋转图像（TriSI）（Guo 等，2013）等。基于不同技术获取的 8 种常见点集，Guo

等（2016）专门针对描述子的描述性、健壮性以及效率等方面评估了 10 种常见的局部特征描述子。一般而言，RoPS 在描述性方面最佳，唯一形状上下文（USC）（Tombari 等，2010）和 TriSI 最具有健壮性，而在效率方面，SI 在不同数量点集中均取得很高的性能。综合而言，FPFH 各方面性能均优于平均水平，因此其被选择用于本书的点云配准。

其次，搜索策略用于寻找两个点集中恰当的点对点对应关系。理论上来说，最少需要 3 个点对才能在两个点集之间建立刚体变换矩阵。假设是搜索两个点集的所有点，则计算复杂度为 $O(n^6)$。考虑到全局配准的快速性，这种情况是不可接受的。有两种方案解决此类问题，第一种方案是提取出少量的点以减小 n（后面阐述），第二种方案是提高搜索策略以降低计算复杂度。第二种方案目前有很多成熟的方法，例如，随机采样一致性（RANSAC）（Chen 等，1999）、随机采样（RANSAM）（Tarel 等，1998）、4 点共面（4PCS）（Aiger 等，2008）、贪婪初始对准（GIA）（Gelfand 等，2005）、初始 4 点对（FIPP）（Li 等，2016）以及演化计算（EC）（Santamaría 等，2011）。在这些方法中，RANSAC 的计算复杂度为 $O(n^3)$，RANSAM 和 4PCS 的计算复杂度均为 $O(n^2)$；GIA 和 FIPP 的计算复杂度分别为 $C^{2 \cdot \ln 2n}$ 和 $O(kC^4)$，其中 k 和 C 分别为邻域点和候选点的数量；EC 的计算复杂度为 $O(n^k)$，其中 k 大于 2。Díez 等（2015）对比了 4PCS 和 RANSAC 在大数据集中的配准结果，4PCS 的精度优于基于 RANSAC 的任何方法。Santamaría 等（2011）证明了 EC 的精度优于 ICP，但其计算时间非常长。FIPP 在 5 种不同类型的点集中均取得较好的配准结果，其相对标准误差在合成点云、深度点云和激光点云中均小于 2 倍的最近邻域点间距，在立体像对点云和室外 LiDAR 中小于 10 倍点间距。

通过搜索策略确定点对点对应关系之后，可以根据对应关系计算刚体变换矩阵。事实上，刚体变换矩阵的计算涉及三维坐标转换。传统的 3D 坐标转换方法基于高斯–马尔可夫模型的最小二乘法（LS），然而，高斯–马尔可夫模型仅考虑了观测值的随机误差，没有考虑系数矩阵的存在（Shen 等，2006）。为解决该问题，基于整体最小二乘估计（TLS）（Wolf 等，1980；Soler 等，1998）的自变量误差模型开始被应用（Foster 等，2008）。此后，Schaffrin 等（2006；2009）提出了一种加权整体最小二乘估计（WTLS）方法，再之后，鲁棒加权整体最小二乘（RWTLS）法被用于解决粗差的问题（Lu 等，2014；Tao 等，2014）。不过，在 3D 点云配准中，刚体变换矩阵的求解基于点对点的对应关系，而点对点对应关系是由点之间的距离决定的，因此，点云配准中由于距离的约束不存在粗差现象，故本书的刚体变换矩阵求解基于 TLS 即可。

总而言之，传统的点云配准方法由全局配准和局部配准两个步骤组成。全局配准过程包括计算点特征描述子、搜索点对点对应关系以及计算刚体变换矩阵，前两步均需要花费一定的计算时间。从效率上来说，计算点特征描述子的计算复杂度最优为 $O(kn)$，其中 k 为给定点的邻域点数量，n 为数据集中点的数量。搜索点对点对应关系的计算复杂度为 $O(m^2)$，其中 m 为参与搜索的点的数量（该类点一般具有较为典型的特征）。相对而言，计算刚体变换矩阵花费的时间很少，可以忽略不计。在局部配准中，ICP 算法是常用的方法，因为其健壮性和可靠性而在研究邻域问题中成为标准。ICP 算法的计算复杂度依赖于全局配准的精度，全局配准精度越高则 ICP 算法的计算时间越短，反之亦然。经过上述分析可以看出，想提高点云配准的效率，要么减少计算点特征描述子的时间，要么优化点对点对应关系的搜索策略。

1.3.2　城市道路要素提取

从点云数据中提取道路信息一直是国内外众多学者关注的问题之一（Yang 等，2012；Boyko 等，2011），目前，基于点云数据提取城市道路的研究主要集中在 ALS 和 MLS 两种数据。针对 ALS 数据，众多学者进行了大量的研究（Choi 等，2008；Zhao 等，2012；Hu 等，2014），主要借助点云的强度、高度等信息，或者借助形态滤波等方法。然而，ALS 数据存在一个无法回避的问题，即很多道路点被建筑物和树木遮挡，导致道路信息不完整。相对于 ALS 数据，MLS 数据不但可以获取更高精度的点云，而且非道路要素对道路的遮挡大大降低，因此，近年来从 MLS 数据中提取道路信息成为非常活跃的研究课题。

（1）结合第三方数据的方法

除了点云自身信息，可以结合其他一些数据如路网、深度、车辆姿态等进行道路提取。Han 等（2014）利用从二维激光传感器获取的深度信息来提取道路的线性特征，然后在构建车辆局部坐标系的前提下，借助于最近邻过滤器

（NNF）对道路特征进行追踪，最终得到道路的边界，该方法可以应用于多种结构的道路边界上。Kumar 等（2013）有效结合了改进后的参数活动轮廓模型及 snake 模型，提取出道路两侧的边界线，其中车辆的导航信息被默认为 snake 模型的初值。在此基础上，Boyko 等（2011）将路网信息中的二维道路点与相应的高程值进行融合，融合后的数据作为 snake 模型的初始化数据，再将提取到的路缘点作为 snake 模型的收敛边界，进而提取出大场景城市环境下的道路。此外，Na 等（2014）借助于车辆的姿态信息并利用区域增长法提取出道路。总而言之，该类方法虽然可以成功提取出道路信息，但对非点云数据具有极大的依赖性，一旦第三方数据缺失或数据本身有错，道路信息的提取不可行。

（2）基于投影的方法

基于投影的方法主要利用 MLS 数据的各种属性（例如，高度、强度和脉冲宽度等）生成距离图像，再针对该距离图像进行道路的识别与提取（Jaakkola 等，2008；Hernández 等，2009；Kumar 等，2013）。Jaakkola 等（2008）基于点云的强度和高度信息，将图像处理算法（如裁剪、拟合和过滤）应用到从 MLS 数据创建的距离图像中以检测路缘；Hernández 等（2009）首先对距离图像中的伪影进行滤波，这些伪影是 3D 点云投影到二维平面过程中生成的，然后使用准平坦区域算法和区域邻接图表示来提取位于机动车道与人行道之间的轮廓；Kumar 等（2013）使用点云的高度、反射率和脉冲宽度生成二维光栅图像，通过组合使用两种修改的参数化 snake 模型来提取道路边界；Serna 等（2014）将点云映射到距离图像，然后使用高度和生长率检测出边缘候选点。然而，这些方法在栅格化过程中反而会增加不必要的匹配错误，最终导致难以获得准确的道路边界。

（3）基于 3D 点和道路特征的方法

基于道路特征的方法主要依据道路自身的形状、位置、道路点特征等规则以及道路边缘的特性来提取道路要素。Smadja 等（2010）基于随机采样一致性（RANSAC）算法拟合出道路的多项式表示，但其公式稍显粗糙。Yuan 等（2010）基于最大熵的模糊聚类方法对点进行聚类，并采用加权线性拟合算法生成路面。该方法对每个数据块中路面点的数量比较敏感，并与 RANSAC 算法一样可能会丢失一些道路细节。其他学者侧重于从点的局部特征入手进行研究：Ibrahim 等（2012）采用高斯过滤算法的衍生物检测来自MLS 数据的路缘点；Yang 等（2013）首先使用 GPS 时间点将点云划分为连续的道路横截面，再依据点的高程差、点的密度和坡度变化来检测每个剖面中的路缘点；Guan 等（2015）使用车辆的轨迹数据将点云划分成若干块，并利用坡度和高程检测每个区块的路缘点；Wang 等（2015）通过构建点云显著特征图以检测路缘点；Zai 等（2016）使用道路边界的局部线性特征检测图形切割的路缘点。由于这些基于局部模式的方法是为了在城市环境中使用路缘石提取道路边界而开发的，因此，它们在实际应用中可能面临巨大挑战，例如，路缘周围的不规则路缘和草地带。李永志等（2012）依据点云的法向量进行相似度计算，并依据相似度生成的特征图像进行边缘检测，最后利用霍夫变换对检测出的边缘进行进一步的处理，因该方法只是对直线段的道路边缘有较好的检测效果，所以具有一定的局限性。现有的其他方法还有线性预测（Lam 等，2010）、三角网络不规则网络（Jaakkola 等，2008）、聚类分析（Biosca 等，2008）、霍夫变换（Ogawa 等，2006）等。然而，一方面，这些方法有的需要其他数据进行辅助，另一方面，这些主要用于无序 MLS 点云的方法难以处理复杂的地面并导致较高的计算复杂度（Zhou 等，2014）。

1.3.3　城市树木提取

树木是城市中又一个重要的要素，近十多年，众多学者致力于城市树木的检测与提取工作。随着激光点云数据获取技术的快速发展，基于点云数据提取城市树木成为重要的研究方法。

（1）基于 ALS 数据的树木提取

ALS 数据最早被用于森林调查的研究（Morsdorf 等，2004），主要包括估算森林树木的体积、蓄积量以及生物量等（Popescu 等，2003）。之后，许多学者利用 ALS 数据研究树木的识别和提取（Koch 等，2006；Vega 等，2014）、树木几何参数估计（Kwak 等，2007）以及树木模型构建（Kato 等，2009）。其中，提取树木的方法能否成功取决于树高和冠层等信息是否可以被准确获取，分为点模型（Vega 等，2014；Yu 等，2014）和冠层高度模型（Edson 等，2011；Lee 等，2010）。然而，ALS 数据因其自身特有的获取方式而在提取树木中存在一些限制。首先，点云数据是自顶向下获取的，因此 ALS 数据主要反映物体的顶面。在植被尤其是树木要素的提取中，由于树冠的遮挡，ALS 数据难以捕获树木的侧视图几何信息及检测树冠下的结构，因此，很难从树干上的几个激光点测量树干的胸高直径（DBH）（Bucksch 等，2014）。其次，相对于其他点云数据，ALS 数据精度和采样密度稍显不足，其每平方米最多能达到 100 多个点。相对于 MLS 和 TLS 数据的厘米或毫米级的采样密度，即便 ALS 数据能够对单个树木进行识别与提取，也无法描述其完整形状或三维重建。一般而言，ALS 数据主要用于城市建模或大面积植被信息估算等。

（2）基于 TLS 数据的树木提取

与 ALS 数据相比，TLS 数据具有较高的采样密度和精度。然而，TLS 数据大多通过在地面架设的固定站点进行采集，其移动性较差的缺点导致数据采集阶段的效率很低。因此，基于 TLS 数据的研究几乎不关注从较大区域中识别和提取树木，相反，多数学者主要侧重于单个树木的研究，例如，树木结构的识别和提取（Bucksch 等，2008；Bremer 等，2013）、树木形态参数的准确测量（Kankare 等，2013；Maas 等，2008；Srinivasan 等，2014）以及树木的精细建模（Delagrange 等，2014；Raumonen 等，2013）。

（3）基于 MLS 数据的树木提取

MLS 是一种灵活、快速和高效的设备，结合了 ALS 和 TLS 两者的优点，不但数据获取速度快、精度高，而且可以收集包括树冠和树干的丰富信息，这表明，基于 MLS 数据从复杂的街道环境中提取单个树木信息具有巨大潜力。目前，许多研究都针对城市 MLS 数据提取树木，根据树木提取的方法（Vo 等，2015），可以大致分为基于簇特征的方法（Rutzinger 等，2011；Yao 等，2013；Zhong 等，2013）、基于模型拟合的方法（Monnier 等，2012）和区域增长法（Wu 等，2013）。

在基于簇特征的方法提取单个树木的研究中，Rutzinger 等（2011）使用 3D 霍夫变换和表面生长去除地面、外墙等大平面，同时将剩余点分割为簇，并使用高程的标准偏差来描述表面粗糙度，然后根据表面粗糙度和点密度的比值从中提取单个树木。Yao 等（2013）通过分析点云的空间积分图来删除人造物体，并使用光谱聚类算法将剩余点分割成单个对象，最后通过形状分析提取个体树。Zhong 等（2013）根据垂直层次的特点提取了个体树，首先在移除地面点之后将其余点投影到水平面或网格中，并标记连续的非空网格；接着将具有相同标记的网格合并成单个对象的点云，其按高度被分为五层；最后，通过分析这些层中的点，获得树木的形态参数（如高度、树冠宽度和树干直径）。通过其形态特征将单棵树木与其他物体区分开来，可以快速、成功地分离单棵树木。然而，分离出的树木仍然包含许多非树点。

基于模型拟合的方法主要用于提取具有特定形状的物体。Lalonde 等（2006）使用 3D 描述子描述局部几何形状，并将点云分为 3 类：散点（表示立体对象）、表面（表示平面对象）和线性（表示线性对象），但是，其描述结果仍然很粗糙。Monnier 等（2012）基于该研究进行了结合概率松弛（Rosenfeld 等，1976）的改进。其定义了一个新的圆柱形描述子，通过组合被冠层包围的圆柱形树干与最近的树冠提取个体树。这些基于模型拟合的方法可以在某些特定情况下提取单个树，但在复杂情况或复杂几何中表现不佳。当使用基于特征的方法或基于模型拟合的方法时，每个提取的树簇需要一个细化过程。

区域增长法主要用于 3D 点云分割的研究（Biosca 等，2008；Vo 等，2015），例如，建筑结构的分层（Dimitrov 等，2015）以及个体树木提取等（Lu 等，2014）。Wu 等（2013）使用基于体素的标记邻域搜索（即区域增长）方法从 MLS 数据中提取单个树木，并成功获得树的形态参数。其在特定高度段（1.2～1.4m）处用连续非空体素所构成的形状的紧密指数（CI）来确定树的种子。该方法以较高的精度提取了各种树木，并在相对简单的环境中表现出优异的性能，然而，种子选择和增长标准存在一些问题。当初始搜索高度的手动设置中的种子用于树干分叉低于 1.2～1.4m 高度的情形时，具有多个茎的单个树木的检测具有明显的限制。Li 等（2016）提出了一种双向增长的方法，将树干中直径最小的层作为初始种子，并按照自顶向下和自下向上两个方向分别搜索树干和树冠，取得了较高的精度，并且适用于复杂场景的树木识别。然而，在很多 MLS 数据中，树干点仅能够获取面向道路的一面（半圆），而背向道路的一面则无法收集。由于该方法将树干的水平剖面点云简化为圆形，因此无法适用于上述情况。

第 2 章 激光点云数据处理基本理论

（激光）点云数据处理理论涉及内容众多，本章仅介绍本书所需的相关理论，主要包括点云数据结构、点云特征描述、点云配准以及点云分割等。其中，点云数据结构和点云特征描述贯穿于后续章节，点云配准理论在第 3 章、第 4 章和第 5 章均有涉及，点云分割则体现在第 6 章和第 7 章中。

2.1 点云数据结构

随着三维扫描技术的兴起，具有空间三维坐标的点云数据开始普及。然而，点云数据集不但数据量庞大，而且各点相互之间关系独立。传统搜索最近邻域点的方法是线性扫描（也称为穷举搜索），这种方法需要计算点集中每个点与当前查询点的欧几里得距离，其计算复杂度为 $O(N)$。为了提高最近邻域点的搜索效率，大量学者进行深入研究，效果较为明显的策略是构建一个高效、智能的点云数据结构。目前，点云中常用的数据结构有 KD（K-Dimension）树、八叉树等。

点云数据处理中最为核心的问题是建立离散点间的拓扑关系，实现基于邻域关系的快速查找。要实现海量空间数据的快速查找，就必须建立与其相适应的空间索引结构，即通过一定的数据组织方式建立无序点云间的拓扑关系，同时存储相关的概要信息，辅助并加速邻域信息的查找。空间索引在 GIS（地理信息系统）中已被广泛应用，常见空间索引一般是自顶向下逐级划分空间的各种空间索引结构，较有代表性的包括 BSP 树、KD 树、R 树、R+树、CELL 树、四叉树和八叉树等索引结构。在这些结构中，KD 树和八叉树在 3D 点云数据组织中的应用较为广泛（董道国等，2002；惠文华等，2003；宋扬等，2004；吴涵等，2007）。

2.1.1 KD 树

Bentley 等对 KD 树进行了详细的研究（Bentley 等，1980；Friedman 等，1977）。随后，Omohundro 针对 KD 树在提高神经网络学习速度上的可能性进行深入研究（Omohundro 等，1987）。KD 树是用来存储 k 维空间上点集合的数据结构。由于本书主要处理的是三维激光点云数据，因此约定，所有 KD 树的最高维度是三维。

（1）KD 树描述

从结构上来看，KD 树类似于带有约束条件的二分查找树，其节点定义示于表 2-1 中。

表 2-1　KD 树节点定义

字段名	类型	描述
dom-elt	k 维向量	k 维空间的一个点
split	整型	分割维度，即垂直于分割超平面的方向轴序号
left	KD-tree	位于分割超平面左侧所有点构成的 KD 树
right	KD-tree	位于分割超平面右侧所有点构成的 KD 树

样本集 E 由 KD 树中的节点表示，每个节点代表一个样本点。dom-elt 表示域向量，是节点的索引，它可以依据节点的分割超平面把空间分成左右两个子空间。左子空间中的点由左子树 left 表示，右子空间中的点由右子树 right 表示。分割超平面是一个穿过 dom-elt 节点并垂直于 split 指示方向轴的平面。如果 i 为 split 的序号，那么当且仅当 split 的第 i 个分量小于 dom-elt 的第 i 个分量时，点在左边；反之则在右边。如果一个节点没有子节点，那么不需要再分割。

（2）KD 树构建

由于 KD 树本质上属于二叉树，因此 KD 树的构建是一个递归的过程，这里的关键有两点：一是每次划分时应选择哪个维度，二是如何选择分割节点。维度划分最常用的一种方法是：统计所有节点（点）在每个维度上的方差，方差最大的维度为 split 字段的值。分裂节点的选择原则是尽可能保证左右字数节点个数相同，因此将所有样本点按其第 split 维的值进行排序，处于中位数的节点作为分裂点。

以图 2-1（a）中的二维原始数据为例，其 KD 树构建过程如下。

Step1：计算 6 个点在 x 轴和 y 轴维度上的方差分别为 39 和 28.63。由于 x 轴上的方差大于 y 轴上的方差，因此 KD 树第一次按照 x 轴来划分左右子树。

Step2：将这 6 个点在 x 轴维度上的坐标值进行排序，得出点（7,2）位于中间点，因此通过该点并垂直于 x 轴的直线 $x=7$ 为分割线。

Step3：根据 $x=7$ 的分割线划分左右子树，$x \leqslant 7$ 的部分为左子树，包含点 $\{(2,3)，(5,4)，(4,7)\}$，$x>7$ 的部分为右子树，包含点 $\{(9,6)，(8,1)\}$。

Step4：分别对左右子树中未构建节点的数据重复上述步骤，直到所有的点划分完毕。

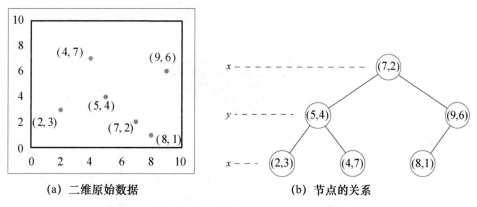

(a) 二维原始数据　　　　　(b) 节点的关系

图 2-1　二维原始数据与节点的关系

图 2-2 分别显示了一个二维点集构建 KD 树的过程，图 2-3 为一个三维点集构建 KD 树的结果。

（3）最近邻域点搜索

KD 树是基于节点进行构建的，当一个点云数据集构建 KD 树结构后，针对某个点的最近邻域点查询也是基于节点完成的。KD 树搜索最近邻域点主要分成两个过程，一是基于节点的搜索，从根节点开始直到叶节点结束；二是进行回溯搜索路径，以此判断其他子节点空间是否有距离更近的点。具体步骤如下。

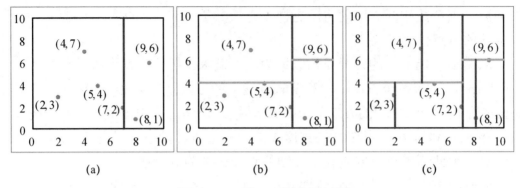

图 2-2　二维 KD 树构建过程

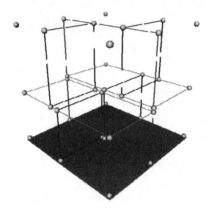

图 2-3　三维 KD 树构建结果

Step1： 根据当前查询点 q_i 的坐标值从根节点 p_0 开始判断，比较 q_i 的坐标值和分割节点上分割维的值的大小关系，若关系为小于或等于，就进入左子树分支，否则进入右子树分支。

Step2： 不断重复 Step1，直到找到与点 q_i 处于同一个子空间的叶节点 p_j，从根节点 p_0 至该叶节点 p_j 所经过的所有节点构成了搜索路径 search_path，p_j 为当前最近点，q_i 与 p_j 的距离为当前最小距离。

Step3： 按照 search_path 的反方向进行回溯搜索，首先判断 p，构建一个以 q_i 为中心、以 q_i 与 p_j 的距离为半径的圆。

Step4： 如果该圆与第 j-1 个分裂维直线不相交则搜索停止，p_j 为最近邻域点，反之则回溯到点 p_{j-1} 的另外一个子树节点 $p_{j'}$，并判断 $p_{j'}$ 与 q_i 的距离是否大于当前最小距离。

Step5：如果大于当前最小距离，则搜索停止，否则将 $p_{j'}$ 与 q_i 的距离作为当前最小距离，重新构建圆。

Step6：重复 Step4、Step5，直到搜索停止。

仍以图 2-1 中（a）的二维点集为例，有两个点，其坐标分别为(2.1, 2.9)和(2, 4.5)，图 2-4 和图 2-5 分别显示了这两个点最近邻域点的搜索过程。其中，点(2.1, 2.9)没有经过回溯搜索，而(2, 4.5)则经过了 1 次回溯搜索。

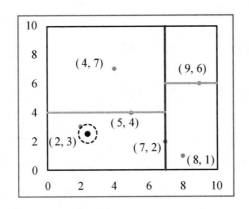

图 2-4　无回溯搜索的 KD 树最近邻域点搜索

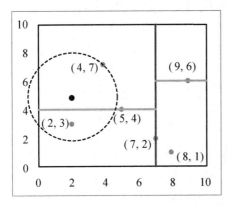 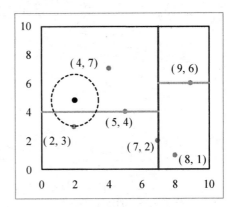

图 2-5　有回溯搜索的 KD 树最近邻域点搜索

上述点(2.1, 2.9)和点(2, 4.5)最终搜索出的最近邻域点都是点(2, 3)，然而，后者比前者的过程要复杂，最主要的区别在于是否需要回溯。研究表明，当查询点的邻域与分割超平面两侧的空间都产生交集时，回溯的次数大大增加。KD 树搜索的平均复杂度为 $O(\log(N))$，最差情况下复杂度为 $O(N^{1-1/k})$。当 KD

树用于高维特征时，其检索性能下降，最差情况下复杂度接近 $O(N)$。由于本书主要处理三维激光点云数据，且点云的空间分布是均匀的，因此 KD 树在点云数据处理上是高效的。

2.1.2　八叉树

八叉树结构是 Hunter 博士提出的一种全新的数据模型（Hunter，1978），是四叉树结构在三维数据的延伸。随后，Jackins 和 Tanimoto（1980）提出用八叉树数据结构来组织三维空间数据库。

（1）八叉树定义

八叉树是将点云所涵盖的三维区域沿着三个坐标方向均匀分割，分解为 8 个大小相同的子空间，并通过递归的方式对子空间不断进行分割，直到不可分解为止。假设某个三维点云数据集的三维形态为 V，则利用包围盒法可以定义一个立方体 C。立方体 C 被分解成 8 个子立方体，对应编号依次为 0～7，每个子立方体都与 V 中的子节点对应（如图 2-6 所示）。上一层的节点称为下一层节点的父节点，下一层的节点是上一层节点的子节点。当子立方体的尺寸或子立方体中包含的节点数小于设定的阈值时，不再进行分解。

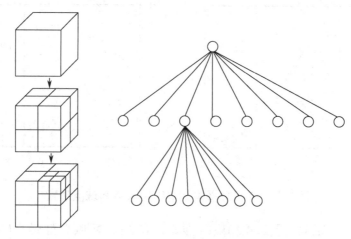

图 2-6　八叉树划分原理及结构

总体来说，八叉树的数据结构最顶层称为根节点，根节点只有一个，且有 8 个子节点而没有父节点；最底层称为叶节点，只有 1 个父节点而没有子节点；其他层的子节点有且仅有一个父节点、8 个子节点。

（2）八叉树构建

八叉树构建的构建步骤如下。

Step1：设定八叉树分解终止的阈值参数。

Step2：基于点云数据集的最大坐标和最小坐标，建立原始空间立方体。

Step3：将点云分配给当前最小尺寸的立方体。

Step4：如果不满足终止条件，则将立方体再进行分解，同时分配点云。

Step5：如果满足终止条件，则当前立方体停止分解。

Step6：重复 Step3，直到所有子立方体满足终止条件。

（3）八叉树存储结构

目前八叉树的存储结构主要有三种，即规则八叉树、线性八叉树和一对八式八叉树。规则八叉树用 9 个字段存储每个节点，其中 1 个字段描述节点类型，其余 8 个字段存放指向 8 个子节点的指针。这种方式的最大问题是占用大量的存储空间。线性八叉树采用线性表方式存储节点，表中直接存储每个节点的所有信息。线性八叉树相对规则八叉树虽然节省了存储空间，但运算效率降低。基于八叉树的点云分割结果见图 2-7。

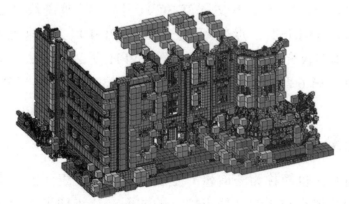

图 2-7　基于八叉树的点云分割结果

2.1.3　两种数据结构的对比分析

八叉树一般仅用于三维空间，而 KD 树则可以用于 k 维空间。八叉树算法在实现上相对简单,但其对点云数据集最小粒度的确定较为困难。粒度过大,则叶节点的数量过大,查询的效率较低;反之,则增加了八叉树的深度,同时带来存储空间增加的弊端。KD 树在邻域查询中具有优势,但其效率与数据量之间呈线性增长的关系。此外,维度越大,效率越低。有学者将两种数据结合使用,即八叉树用于大粒度的划分与查找,在此基础上使用 KD 树进行细节的划分。这种方式一定程度上可提升效率,但其与数据量以及划分界限之间具有线性关系。

2.2　点云特征描述

点云特征描述是点云数据处理中最为基础和关键的部分,基于特征描述可以进行特征的识别、提取、分割以及配准等工作。点云特征描述的目的是区分不同点在空间位置和分布上的差异,其首要考虑的是当前点与邻近点的位置关系。因此,传统的笛卡儿坐标系不能满足需求,进而出现一个新的概念——局部描述子(Descriptor)。目前,常见的点特征描述子有旋转图像(SI)、SHOT(Signature of Histograms of OrienTations)、旋转投影统计(RoPS)、三倍旋转图像(TriSI)、3D 形状上下文(3DSC)、局部表面斑块(Local Surface Patch,LSP)、THRIFT、点特征直方图(PFH)、快速点特征直方图(FPFH)等。本节仅介绍 FPFH 以及计算 FPFH 所必备的法向量、曲率,法向量在第 4 章、第 6 章、第 7 章讲述,曲率在第 5 章讲述,FPFH 在第 4 章讲述。

2.2.1　法向量

点云法向量(也简称为法向量)是表达点云几何表面的一个重要特征,其主要描述的是该点与周边其他点拟合的曲面在该点切平面的法向量。法向量不但可以用于点云特征提取、三维表面重建等,在本书中也可以用于点云特征直方图的计算。目前,点云法向量的常用算法主要有最小二乘拟合(Fleishman 等,2005)、基于 Delaunay/Voronoi 法(Duraisamy 等,2012)、主成分分析(PCA)法(Gautam 等,2007)以及基于鲁棒统计法(Amenta 等,

1999）等，本书主要采用主成分分析法来计算点云法向量。假设某一点 P_i，PCA 法首先构建该点在一定邻域内的协方差矩阵 $\boldsymbol{C}$，具体如下：

$$C = \frac{1}{k_n}\sum_{i=1}^{k_n}(P_i - \bar{P})\cdot(P_i - \bar{P})^{\mathrm{T}} \tag{2-1}$$

其中，k_n 为法向求解时点 P_i 邻域内相邻点（也称邻域点或邻点）的数量，$\bar{P}$ 表示邻域的质心，由于点云坐标有三个维度，所以 $\boldsymbol{C}$ 是一个 3×3 的一个矩阵。已知当前点邻域内的协方差矩阵，则该点法向量的计算就演变成了求解特征向量，公式如下：

$$\begin{cases} \boldsymbol{C}\cdot\vec{V} = \lambda\cdot\vec{V} \\ (\lambda I - \boldsymbol{C})\cdot\vec{V} = 0 \end{cases} \tag{2-2}$$

　　需要说明的是，基于 PCA 法计算的法向量具有二义性，即只能计算出一条直线而不能明确直线的哪一个方向为法向量的最终方向。考虑到点云及法线的可视化是基于某个特定视点的，点云法线的方向最好统一地位于面向视点的方向，为此，需要对法线进行重定向。如果点云数据集是 2.5 维的，则该数据集下的视点 v_P 是已知的，因此重定向的原则是将所有法线的方向朝向视点并满足如下公式：

$$n_i\cdot(v_P - P_i) > 0 \tag{2-3}$$

　　如果点云数据集的视点信息未知，可以寻找一个随机点，该点法向量为 $\boldsymbol{n}_i$，则其邻域点的法向量通过遍历点云数据集中欧氏最小生成树来进行传播。如果 $\boldsymbol{n}_i$ 和 $\boldsymbol{n}_j$ 的点积小于 0，法线 $\boldsymbol{n}_j$ 的方向发生改变，公式如下：

$$n_i\cdot n_j < 0 \Rightarrow n_j = -n_j \tag{2-4}$$

　　由式（2-1）和式（2-2）可知，点云法向量是由协方差矩阵决定的，而协方差矩阵则取决于每个点近邻区域内点的坐标和数量，因此，近邻区域搜索范围的选择直接决定着法向量的计算结果。通常情况下，点云的搜索范围越小，近邻区域内参与计算的相邻点越少，那么该点云表面拟合的精度越低，而极端情况下更会导致法向量的值不准确或为空值（相邻点小于 3）。另一方面，搜索范围越大，邻域内相邻点越多，然而范围过大，可能超出要拟合的表面区域，这种情况会造成表面细节信息的丢失。图 2-8 显示了同一个点云数据在不同搜索半径下的法向量计算结果。

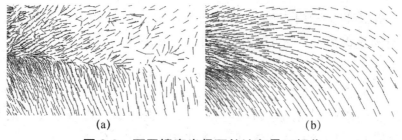

(a)   (b)

图 2-8　不同搜索半径下的法向量可视化

　　一般来说，法向量计算近邻点范围的选择有两种方法：一种是固定地寻找查询距离点 P_i 最近的 k_n 个点；另一种是以查询点为中心构造查询半径为 r_n 的球体，k_n 则为球体内的点数量。本书采用第二种方法，从 0.01m 到 0.05m 之间依次间隔 0.5cm，共选择 9 个不同半径用于检测搜索半径对法向量的影响。图 2-9 表示从两个不同的点云数据集中各随机选取一个点，其中，图 2-9（a）的点云数据集中的最小间隔距离为 0.4cm，图 2-9（b）中为 2cm。从图 2-9 可以看出，法向量半径选取过小时（分别小于 0.02cm 和 0.025cm），法向量值稳定性较差，而当半径逐渐增大时，法向量值变化趋于稳定。

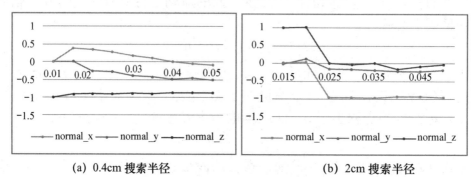

(a) 0.4cm 搜索半径　　　　　　　　　　(b) 2cm 搜索半径

图 2-9　不同搜索半径下的法向量

　　图 2-10 中选取了同一个点云数据集中法向插值结果具有一定变化的两个点，数据集与图 2-9 相同。从图 2-10 中可以看出，法向量值在半径为 0.01m、0.015m 和 0.02m 时相邻点的差异性变化较大，而半径大于 0.025m 时相邻点法向量值变化趋势逐渐相同。考虑到半径选取得大，不但增加计算量，也会丢失部分细节信息，所以在该点云数据集中，计算法向量值的最优半径为 0.025m。

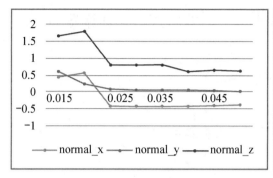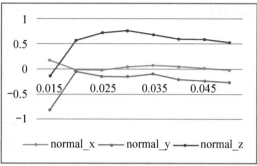

<table>
（a）0.4cm 搜索半径　　　　　　　　　　　　　　（b）2cm 搜索半径
</table>

图 2-10　不同搜索半径下相邻点法向量的差值

2.2.2　曲率

曲率反映曲线上某一点的弯曲程度，曲率值越大，弯曲程度越大。图 2-11 表示一个简单曲线 C，选取曲线上一点 P 及其邻域点 P_1，分别在这两点作曲线 C 的切线，则两切线夹角为 $\Delta\alpha$，两点之间曲线的弧长为 Δs。

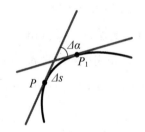

图 2-11　曲线上点的曲率

那么，曲线 C 上点 P 的曲率定义为

$$K = \lim_{\Delta S \to 0} \left| \frac{\Delta\alpha}{\Delta s} \right| \qquad (2\text{-}5)$$

当对象扩展到三维空间曲面时，经过点 P 的切线和法平面各有无数个，而每个法平面与该三维空间曲面相交的曲线计算所得的曲率即为各自曲线的曲率（见图 2-12）。其中，存在一条曲线，使得其曲率在所有曲线中最大，该曲率称为最大曲率，垂直于最大曲率面的曲率称为最小曲率。最大曲率和最小曲率称为主曲率。两个主曲率的算术平均值称为平均曲率，两个主曲率的乘积则称为

高斯曲率。式（2-6）和式（2-7）分别为平均曲率和高斯曲率的计算公式：

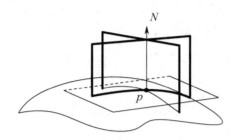

图 2-12　曲面上点的曲率

$$K_m = \left(K_{max} + K_{min}\right)/2 \tag{2-6}$$

$$K_g = K_{max} \cdot K_{min} \tag{2-7}$$

其中，K_m、K_g 分别表示平均曲率和高斯曲率，K_{max} 和 K_{min} 则分别为最大曲率和最小曲率。

　　计算三维激光点云曲率的原理与上述相同。然而，点云数据是离散的，因此实际应用中大都通过最小二乘算法来拟合点 P 处的曲面，而曲面的主曲率则可以通过求解 Weingarten 变换矩阵的特征值来计算，其对应的特征向量则表示该曲率的方向。已知点 P 的拟合函数表达式为

$$h(u,v) = a_0 + a_1 u + a_2 v + a_3 u^2 + a_4 uv + a_5 v^2 \tag{2-8}$$

则 Weingarten 矩阵形式为

$$A^T = -\begin{bmatrix} e & f \\ f & g \end{bmatrix}\begin{bmatrix} E & F \\ F & G \end{bmatrix}^{-1} \tag{2-9}$$

其中，$e = \dfrac{2a_3}{\sqrt{a_1^2 + 1 + a_2^2}}$，$f = \dfrac{a_4}{\sqrt{a_1^2 + 1 + a_2^2}}$，$g = \dfrac{2a_5}{\sqrt{a_1^2 + 1 + a_2^2}}$，$E = 1 + a_1^2$，$F = a_2 a_1$，$G = 1 + a_2^2$。

　　一旦 Weingarten 矩阵被求解出，则可以计算特征值和特征向量。在众多特征值中，数值最大的特征值及其对应的特征向量即为最大曲率值和它的方向，而最小特征值则对应最小曲率。图 2-13 显示了一个点云数据集中不同位置点的曲率大小的可视化。

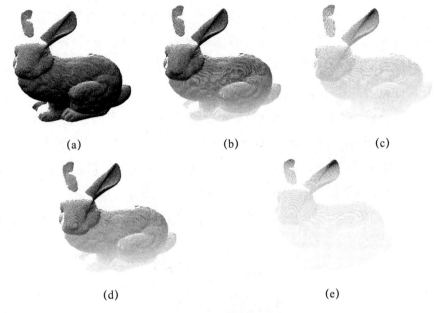

图 2-13　点云曲率可视化

在图 2-13 中，（a）为原始点云，（b）至（e）分别为最大曲率、最小曲率、平均曲率和高斯曲率的可视化结果。根据曲率值的大小将其作线性变化，并进行可视化输出。曲率值越大，颜色越深。从图中可以看出，最大曲率值相对其他曲率值整体偏大，平均曲率则介于最大和最小曲率之间，高斯曲率值最小。尽管相同点的各种曲率不同，但在一些显著点中，每种曲率相对其他点的差异性具有一定的相似性，例如，图中兔子的耳朵等。然而，由于曲率表现结果仅仅是一个数值，当点云数据量较大或点云表面特征不显著时，基于曲率的特征提取则显得过于粗糙。尽管如此，曲率仍可以作为一个辅助条件应用于要素提取等研究中。关于曲率作为辅助条件的详细阐述见第 6 章。

2.2.3　点特征直方图与快速点特征直方图

（1）点特征直方图（PFH）

点云表面法向量虽然可以描述点的特征，但这种描述较为粗糙，只是给出了给定点的一个几何值，这在具有成千上万个点云的数据集中往往会产生大量的相似值，因此点云表面法向量并不会获取更多的细节信息。Wahl 等（2003）和 Rusu 等（2008）使用直方图来统计对象或点云的特征，该直方图可以将原本描述法向的三个向量值扩展为几十甚至上百个多维直方图，这极大地增强了对点云的细节描述。

点特征直方图（PFH）是通过统计查询点邻域范围内两点之间法向量的角度关系而得到的特征直方图（Rusu 等，2008）。为此，以查询点 P_q 为中心构建一个半径为 r_h 的球体，球体内的点是查询点 P_q 的 k 邻域元素，P_q 及所有的 k 邻域点两两连接构成一个网络。如图 2-14 所示，点 P_q 为查询点，P_{n1}，P_{n2}，…，P_{n5} 的 5 个点为邻域点，PFH 考虑的是球体区域内 6 个点相互之间法向量的角度关系。

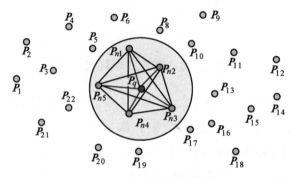

图 2-14　查询点的影响范围

球体区域内两点之间的角度关系主要是依据两点法向量的角度和位置偏差计算而得到的。如图 2-15 所示，假设邻域内两点 P_s 和 P_t 的法向量分别是 n_s 和 n_t，首先以点 P_s 的法向量 n_s 作为其中一个坐标轴 u，依据右手法则定义一个 uvw 局部坐标系。

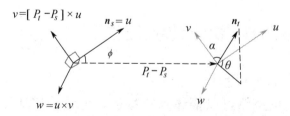

图 2-15　两点法向量的空间差异

将 uvw 局部坐标系平移到点 P_t，设 P_t 的法向量 $\boldsymbol{n}_t$ 与坐标轴 v 的夹角为 α，$\boldsymbol{n}_t$ 在 uw 平面的投影与坐标轴 u 的夹角为 θ，$\boldsymbol{n}_s$ 与 P_s、P_t 连线的夹角为 ϕ，则公式如下（Rusu 等，2008）：

$$\begin{cases} \alpha = v \cdot \boldsymbol{n}_t \\ \phi = u \cdot (P_t - P_s) / d \\ \theta = \arctan(w \cdot \boldsymbol{n}_t, u \cdot \boldsymbol{n}_t) \end{cases} \tag{2-10}$$

式中，d 为点 P_s 和 P_t 的直线距离，这样，求解两个法向量的关系最终变为只需要考虑 α、θ、ϕ 和 d 四个参数。由于近邻点之间的距离从视点开始是递增的，所以在分析局部点密度影响特征时，参数 d 并不重要，可以省略（Rusu，2009），这样计算 PFH 最终演变为只需要考虑 α、θ 和 ϕ 三个参数即可。

表 2-2 为某一查询点在半径为 r_h 的 k 邻域内的三个特征值 α、θ 和 ϕ 的计算结果，k 为球体邻域内点的个数，i 为计算次数。对于查询点 P_q，根据式（2-10）计算出其邻域范围内的值为 $3i$ 个。为简化结果，将三个特征值 α、θ 和 ϕ 的取值范围分别划分为等分的 b 个子区间，以此形成 b^3 个区间，之后分别统计落入每个子区间的数量，最终根据各子区间数量占总数的百分比来构建查询点 P_q 的点特征直方图。需要说明的是，上述 b^3 个区间中，第 0 个区间表示 α 落在第 0 个子区间、θ 落在第 0 个子区间、ϕ 落在第 0 个子区间，第 1 个区间表示 α 落在第 0 个子区间、θ 落在第 0 个子区间、ϕ 落在第 1 个子区间，以此类推。子区间数量 b 的值的不同会导致直方图的呈现结果不同，如果 b 的值选择过小，则细分的区间数过少，对于特征的细分可能较为粗糙（但仍比法向的结果更精细），同时每个区间的数值相对更大一点；相反，b 的值过大，则区间划分得较精细，但每个区间的数值相对变小，不利于点云特征的区分与提取。一般情况下，b 的值选取在 3～5 之间较优。图 2-16 显示的是将某一个查询点的 PFH 值以直方图的形式呈现出来，其中 b 的值选取 5，整个直方图共有 125 个区间。

表 2-2 k 邻域内两点法向量的角度关系

序号	α	θ	ϕ
$P_{q \leftrightarrow n1}$	α_1	θ_1	ϕ_1
$P_{q \leftrightarrow n2}$	α_2	θ_2	ϕ_2

续表

序号	α	θ	ϕ
$P_{q \leftrightarrow n3}$	α_3	θ_3	ϕ_3
...	...	...	...
$P_{q \leftrightarrow ni}$	α_i	θ_i	ϕ_i

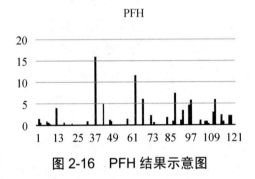

图 2-16 PFH 结果示意图

PFH 不但计算每个查询点与近邻区域内各点之间法向量的角度关系，还计算近邻区域内查询点以外其他各点相互之间法向量的角度关系，所以，PFH 的值不但体现了该点与周边点的位置关系，而且体现了周边点相互之间的位置关系，其包含的点特征信息更加全面。

（2）快速点特征直方图（FPFH）

PFH 的计算复杂度非常高。例如，一个点云数据集 P 中的点数为 n，由于需要知道每个点与邻域内 k 个点相互之间的两两关系，所以每个邻域内都需要计算 $k(k-1)/2$ 次，因此，每个查询点的计算复杂度为 $O(k^2)$，而整个数据集 P 的 PFH 计算复杂度则是 $O(nk^2)$。即便 k 的值只是几十，但对于动辄几百甚至上千万个点云的数据集来说，复杂度为 $O(nk^2)$ 的计算量非常巨大，因此需要对 PFH 算法进行改进。

在 PFH 的计算复杂度中，n 表示点云的数量，该参数无法改变，而 k^2 表示 k 个点进行两两运算，所以如何减小 k^2 的值是算法改进的核心。快速点特征直方图（FPFH）是 PFH 的简化计算方式，在保留 PFH 大部分特性的同时，极大提高了计算速度。

如图 2-17 所示，半径为 r_h 的实线圆圈为查询点 P_q 的邻域范围，半径相

同的虚线圆圈为 P_q 的近邻点 P_{n1}, P_{n2},…, P_{n5} 各自的邻域范围。FPFH 没有对邻域内所有的点两两计算，而是只计算 P_q 与相邻点的三个特征值（相邻点相互之间并不计算），并单独建立 P_q 的特征直方图，这种计算结果称为 SPFH（值）；然后分别计算 P_q 近邻点的 SPFH（值），最后依据距离权重进行加权计算，得到 P_q 最终的 FPFH。其计算公式如下：

$$\mathrm{FPFH}\left(P_q\right)=\mathrm{SPFH}\left(P_q\right)+\frac{1}{k}\sum_{i=1}^{k}\frac{1}{\omega_i}\cdot\mathrm{SPFH}\left(P_i\right) \tag{2-11}$$

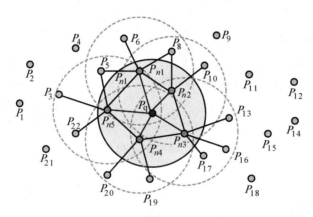

图 2-17　FPFH 邻域点范围

在式（2-11）中，k 为 P_q 邻域内的相邻点数量，ω_i 为权重，实际以 P_i 与 P_q 之间的距离表示。需要注意的是，直方图区间的划分也可以另外一种方式进行，即每个特征值划分为 b 个子区间，则 FPFH 最终划分为 $3b$ 个区间。与 PFH 中一组特征值统计一次不同的是，FPFH 中一组的三个特征值分别统计三次。图 2-18 所示的是某查询点的 FPFH 值，这里将每个特征值划分为 11 个子区间，共形成 33 个区间的 FPFH。

由于 FPFH 值是从 SPFH 中计算而来的，而 SPFH 每次只需要计算查询点与 k 个相邻点的特征值，所以 SPFH 算法的计算复杂度为 $O(k)$。此外，点云中所有点的 SPFH 值只需要一次计算并可以被多次调用，所以 FPFH 算法的计算复杂度为 $O(nk)$，相对于 PFH 算法，效率大大提高。但从另一方面来说，由于 FPFH 算法只统计邻域内所有点与其近邻点之间的特征值，忽略了邻域点之间的特征值，因此，FPFH 算法特征牺牲了邻域点相互之间的细节信息，而以周边点对查询点的贡献来替代。

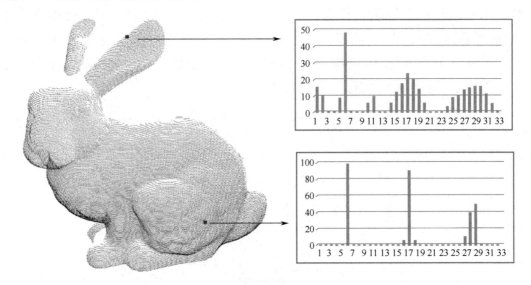

图 2-18　FPFH 结果示意图

2.3　点云配准

点云配准用于将多次采集的点云数据集拼接到同一个场景下，其基本原理是寻找同名点对，并根据同名点对之间建立的对应关系求解变换参数。本节主要阐述变换参数的求解原理，内容包括点云配准的转换模型、刚体变换参数求解以及 ICP 算法基本原理。

2.3.1　点云配准的转换模型

点云数据的获取由三维激光扫描仪在不同位姿下分别采集而来，每个站采集的点云数据都将当前姿态下的扫描仪作为坐标原点，因此，各站采集的点云数据需要通过点云配准将其对准到同一个场景中。假定两个点集 P 和 Q，P 为目标数据集，Q 为源数据集，点云配准的目的是寻找一个最佳的转换模型，使得 Q 转换为 Q'，且 P 和 Q' 的重叠区域尽可能地靠近，即

$$Q' = TQ \tag{2-12}$$

其中，T 为转换参数，主要包括旋转角度矩阵（$\boldsymbol{R}$）、平移比例（t）和缩放比例（k），因此，式（2-12）转换为

$$Q' = k \cdot \boldsymbol{R}Q + t \tag{2-13}$$

旋转角度矩阵 $\boldsymbol{R}$ 表示点云分别沿着 x、y 和 z 轴旋转三次，而平移比例 t 则是在三个轴上的平移量。三维坐标转换中常见的主要有七参数和十三参数两种模型，本节主要讨论七参数模型。因此，式（2-13）可以转换为

$$\begin{bmatrix} X' \\ Y' \\ Z' \end{bmatrix} = (1+k)\,\boldsymbol{R}(\varepsilon_z)\boldsymbol{R}(\varepsilon_y)\boldsymbol{R}(\varepsilon_x) \begin{bmatrix} X \\ Y \\ Z \end{bmatrix} + \begin{bmatrix} \Delta X \\ \Delta Y \\ \Delta Z \end{bmatrix} \tag{2-14}$$

其中，在三个轴上的旋转角度矩阵 $\boldsymbol{R}(\varepsilon_x)$、$\boldsymbol{R}(\varepsilon_y)$、$\boldsymbol{R}(\varepsilon_z)$ 分别为

$$\boldsymbol{R}(\varepsilon_x) = \begin{pmatrix} 1 & 0 & 0 \\ 0 & \cos\varepsilon_x & \sin\varepsilon_x \\ 0 & -\sin\varepsilon_x & \cos\varepsilon_x \end{pmatrix} \tag{2-15}$$

$$\boldsymbol{R}(\varepsilon_y) = \begin{pmatrix} \cos\varepsilon_y & 0 & -\sin\varepsilon_y \\ 0 & 1 & 0 \\ \sin\varepsilon_y & 0 & \cos\varepsilon_y \end{pmatrix} \tag{2-16}$$

$$\boldsymbol{R}(\varepsilon_z) = \begin{pmatrix} \cos\varepsilon_z & \sin\varepsilon_z & 0 \\ -\sin\varepsilon_z & \cos\varepsilon_z & 0 \\ 0 & 0 & 1 \end{pmatrix} \tag{2-17}$$

将式（2-15）、式（2-16）和式（2-17）代入式（2-14），得

$$\boldsymbol{R}(\varepsilon) = \begin{bmatrix} \cos\varepsilon_y\cos\varepsilon_z & \cos\varepsilon_x\sin\varepsilon_z + \sin\varepsilon_x\sin\varepsilon_y\cos\varepsilon_z & \sin\varepsilon_x\sin\varepsilon_z - \cos\varepsilon_x\sin\varepsilon_y\cos\varepsilon_z \\ -\cos\varepsilon_y\sin\varepsilon_z & \cos\varepsilon_x\cos\varepsilon_z + \sin\varepsilon_x\sin\varepsilon_y\sin\varepsilon_z & \sin\varepsilon_x\cos\varepsilon_z - \cos\varepsilon_x\sin\varepsilon_y\sin\varepsilon_z \\ \sin\varepsilon_y & -\sin\varepsilon_x\cos\varepsilon_y & \cos\varepsilon_x\cos\varepsilon_y \end{bmatrix}$$

$$\tag{2-18}$$

2.3.2　刚体变换参数求解

在三维点云配准中，刚体变换参数主要是通过获得两个点集的同名点对

求解出来的。目前，最常见的参数求解方法是最小二乘法。

自从 1794 年高斯提出最小二乘准则，最小二乘法在众多领域得到广泛应用和发展，在测绘领域则被用于测量平差数据处理中。之后，马尔可夫对最小二乘原理进行了系统阐述，并将最小二乘平差的问题总结为基于线性方程组的求解，给出了著名的高斯-马尔可夫模型（崔希璋等，2009）。

最小二乘函数模型：

$$\underset{m \times n}{A} \underset{n \times 1}{X} = \underset{m \times 1}{L} + \underset{m \times 1}{\Delta} \tag{2-19}$$

最小二乘随机模型：

$$\begin{cases} E(\Delta) = 0 \\ \Sigma = \sigma_0^2 Q = \sigma_0^2 P^{-1} \end{cases} \tag{2-20}$$

上述公式中，L 为观测向量，X 为待求的参数向量，A 为系数矩阵，其满足 $\mathrm{Rank}(A) = n < m$，Δ 为 L 的随机误差向量，Σ 为 Δ 的协方差阵，Q 为协因数阵，P 为权阵，σ_0 为单位权中的误差。

用估值向量 V 代替 Δ，可以得到平差的误差方程：

$$V = AX - L \tag{2-21}$$

平差的实质是对随机观测向量 L 进行处理。为使平差后的参数估值具有良好的统计性质，平差的函数模型需要受到约束，这样可以求出其唯一参数解。最小二乘法的平差准则如下：

$$V^{\mathrm{T}} P V = \min \tag{2-22}$$

众多的平差方法都是在上述公式的基础上，针对不同的问题提出解决方法。其中，间接平差利用自由极值原理，对式（2-22）进行 X 求导并令导数为 0：

$$\frac{\partial V^{\mathrm{T}} P V}{\partial X} = 2V^{\mathrm{T}} P \frac{\partial V}{\partial X} = 2V^{\mathrm{T}} P A = 0 \tag{2-23}$$

上式转置可得

$$A^{\mathrm{T}} P V = 0 \tag{2-24}$$

将式（2-21）代入式（2-24），得

$$A^{\mathrm{T}}PAX - A^{\mathrm{T}}PL = 0 \tag{2-25}$$

求得最小二乘解为

$$X = (A^{\mathrm{T}}PA)^{-1}A^{\mathrm{T}}PL \tag{2-26}$$

2.3.3　ICP 算法基本原理

ICP 算法最早由 Besl 和 Mek（1992）提出，是目前点云配准中最为经典的算法。ICP 算法依据最小距离的原则，通过寻找源点集中每个点在目标点集的最近邻域点，以此构成同名点对应关系，并基于最小二乘的原理求解刚体变换矩阵，迭代运行，使源点集不断靠近目标点集，最终在满足距离函数约束的条件下完成点云配准，具体算法步骤如下。

Step1：现有目标点集 P 和源点集 Q；

Step2：针对源点集 Q 中的每个点，搜索其在 P 中的最近邻域点，构建同名点对点的关系；

Step3：依据点对点的关系计算刚体变换矩阵，并通过该变换矩阵将源点集 Q 转换到一个新的坐标数据集；

Step4：计算目标函数 dRMS(P^*,Q^*)值并判断该值是否满足式（2-27），不满足则返回 Step2 继续执行，否则迭代结束。目标函数如下：

$$\mathrm{dRMS}^2(P^*,Q^*) = \frac{1}{n}\sum_{i=1}^{n}\left(\left\|q_i - p_j\right\|\right)^2 < \sigma, \quad 1 \leqslant j \leqslant m \tag{2-27}$$

其中，q_i 为源点集中的一个点，p_j 则是点 q_i 在目标点集中的最近邻域点，m 和 n 分别为点集 P 和 Q 的点数，σ 为两个点集的最小距离阈值。具体流程见图 2-19。

ICP 算法在点云配准中具有很好的稳定性。然而，其也存在着一些弊端，例如，迭代次数过多导致算法的时间复杂度较高、算法容易陷入局部最优解，以及收敛域较小等。因此，ICP 算法对两个点集的初始位置、重叠度以及角度等要求较高。关于 ICP 算法的具体有效性问题详见第 3 章。

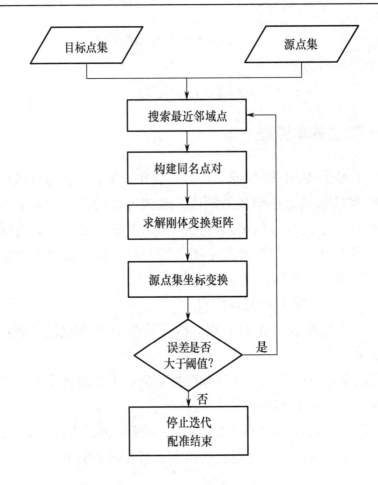

图 2-19　基于 ICP 的点云配准流程

2.4　点云分割

点云分割是依据点的空间分布、几何特征等对点云进行区分，同一类的点具有相同或相似的特性。点云分割可以给要素提取、三维重建、点云分类等应用提供重要的支持。本节介绍两种重要的点云分割方法：区域增长法和空间聚类法，具体应用分别在第 6 章和第 7 章涉及。

2.4.1　区域增长法

区域增长法是在一定的平滑约束条件下将相互靠近的点进行合并，每一类合并的点被认为是同一个簇。算法思想如下：首先，从点云数据中选取一个初始种子点，并搜索该种子点的 k 个最近邻点（最近邻域点）；然后，根据区域判定原则判断邻域点是否与种子点属于同一簇，如果属于同一簇，则将该邻域点添加到相同的簇中并标记为已分类点，否则标记为未分类点；接着，判断已分类的邻域点是否为新的种子，如果是新种子点，则将该点加到种子点集合中，并重复搜索邻域点、判断邻域点的步骤，直到不能再增加新的点；重复上述步骤，直到所有的点被处理。图 2-20 显示了区域增长的过程，其中，红色点为种子点，蓝色点为未分类点，黄色点与当前种子点处于同一簇，黑色点则不同类。按前言中说明的方法下载彩图可以更清晰地了解相关细节。

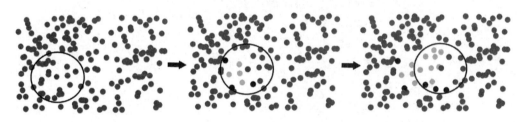

图 2-20　区域增长过程

表 2-3 为区域增长法的具体算法实现。

表 2-3　区域增长法的具体算法实现

输入：
　　点云数据集：$\{P\}$
　　法向量集合：$\{N\}$
　　曲率集合：$\{c\}$
　　曲率阈值：c_{th}
　　角度阈值：θ_{th}

初始化：
　　分割区域集合 $R \leftarrow \phi$

算法：

```
While {P}不为空
        当前区域{Rc}←∅
        当前种子点{Sc}←∅
        曲率最小点{P}→Pmin
        {Sc}←{Sc}∪Pmin
        {Rc}←{Rc}∪Pmin
        {P}←{P}\Pmin
        for int i=0 to size {Sc}
                寻找当前种子点的邻域点{Bc}
                for int j=0 to size {Bc}
                        当前邻域点Pj←{Bc}
                        if {P}包含Pj且cos-1(N(Pi), N(Pj))<θth
                                {Rc}←{Rc}∪Pj
                                {P}←{P}\ Pj
                                if c(Pj)< cth
                                  {Sc}←{Sc}∪Pj
                                end if
                        end if
                end for
        end for
        {R}←{R}∪{Rc}
end while
```

输出：

$\{R\}$

2.4.2　空间聚类法

聚类是将集合中具有相似特征的对象划分到同一类中，以此进行区分。点云空间聚类则是根据点在空间上的分布和位置等特征进行聚合。在空间聚类方法中，最为关键的是相似性度量的选取，目前常见的度量方法有距离系数、相关系数、角度系数、离差平方和等。距离系数中的距离又包括欧几里得距离（欧氏距离）、曼哈顿距离、切比雪夫距离、马氏距离等。本书采用欧几里得距离进行点云的空间聚类（欧氏聚类），其算法实现如表2-4所示。

表 2-4　欧氏聚类算法实现

输入：
　　点云数据集：$\{P\}$
　　距离阈值：d_{th}

初始化：
　　点簇集合：$\{C\} \leftarrow \phi$
　　当前点簇集合：$\{Q\} \leftarrow \phi$

算法：
```
While {P}不为空
    从{P}选取点 Pᵢ
    {Q}←Pᵢ
    {P}←{P}\Pₘᵢₙ
    for int j=0 to size {Q}
        以 dₜₕ为半径寻找当前种子点的邻域点{Bᶜ}
        for int k=0 to size {Bᶜ}
            当前邻域点 Pₖ←{Bᶜ}
            if {P}包含 Pₖ
                {Q}←{Q}∪Pₖ
                {P}←{P}\Pₖ
            end if
        end for
    end for
    {C}←{C}∪{Q}
end while
```

输出：
　　$\{C\}$

第 3 章　ICP 算法分析

3.1　ICP 算法概述

ICP 算法一直以来都被认为是点云数据配准中最为经典的算法，多年来得到广泛的应用。ICP 算法的最大优点是结果非常稳定，具有很强的健壮性。然而，ICP 算法的缺点也是明显的，例如，计算效率过低、两个点集的重合度要求较高、收敛域较窄以及容易陷入局部最优解等（Rusu 等，2010）。

多年来，众多学者一直致力于改进 ICP 算法的研究，概括来说主要包括提高 ICP 算法效率、优化算法精度以及解决局部最优解问题。提高 ICP 算法效率，主要从减少参与运算的点数（Gelfand 等，2003）、提高最近邻点（最近邻域点）搜索速度（Benjemaa 等，1999）以及减少迭代次数（Li 等，2015）等环节进行优化，目前取得了较为明显的效果。在优化算法精度方面，主要侧重于刚体变换矩阵的求解方法，目前常见的优化方法有整体最小二乘（TLS）（Wolf 等，1980）、加权整体最小二乘（WTLS）（Schaffrin 等，2006）、鲁棒加权整体最小二乘（RWTLS）（Lu 等，2014）等。

在 ICP 算法陷入局部最优解问题的解决上，与效率和精度两个方面的改进不同，提高效率和精度的研究均属于算法的优化，而解决陷入局部最优解的问题则属于避免错误结果。一旦配准后的点云陷入了局部最优解，则配准结果是错误的。

针对这个问题，目前常见的解决方法是将点云的配准过程划分为两个阶段，首先通过全局配准（或称为粗配准）将两个点集大致对准在一起，然后用 ICP 算法完成局部配准（或称精配准）。这种方法通过全局配准解决 ICP 算法的初始位置问题，可有效避免陷入局部最优解的问题。目前，常见的全局配准方法有随机采样一致性算法（RANSAC）（Chen 等，1999）、鲁棒全局配准（Gelfand 等，2005）、4 点共面法（4PCS）（Aiger 等，2008）、演化算法等（Santamaría 等，2011）。

　　总体上来说，全局配准基本上能够解决 ICP 算法目前存在的问题。然而，多年来在全局配准和局部配准的研究上有一个问题一直被忽视，即具体在什么情况下必须先进行全局配准，什么情况下 ICP 算法能够在不需要全局配准的情况下获得正确的配准结果？一般来说，影响 ICP 算法出现局部最优解的因素主要有三个方面，分别是两个点集的重合度、角度以及距离。很多文献都提到，两个点集的重合度越高，结果就越精确，然而，究竟重合度为多少时算法有效，则无具体的验证。同样，两个点集的夹角大于多少时以及间隔距离多大时，ICP 算法会陷入局部最优解，这些问题同样没有明确的答案。

　　为了解决该问题，本章以 ICP 算法的结果是否收敛为判断原则，针对两个点集的重合度、角度以及距离三个重要参数进行算法验证，通过归纳 ICP 算法在不同参数阈值情况下结果不同的规律，力求给出 ICP 算法有效性的参数范围，为点云配准中是否需要增加全局配准环节提供参考。此外，在 ICP 算法有效范围内，本章针对不同重合度的点云数据评价 ICP 配准的精度以及算法的效率。

3.2　ICP 算法影响因素

　　基于 ICP 算法的点云配准的结果有可能出现两种截然不同的情况：一种是获得正确的配准结果，一种是陷入局部最优解。此外，即便是获得正确的配准结果，结果的精度以及配准过程的时间效率也会因不同的因素而各异。结果的影响因素主要包括两个点集的重合度、角度、距离以及对象形状等。其中，重合度表示用于配准的两个点集具有相同区域的比例；角度指的是两个点集中各自垂直于扫描仪器与对象连线平面之间的夹角；距离是指两个点集的间隔距离；对象形状则是点在空间上的分布差异。

1. 重合度

由于 ICP 算法将最近邻域点作为同名点对，若两个点集的重合度过低，则会导致配准结果精度低，因为刚体变换矩阵是基于最小二乘思想求解的。同时，也有可能出现因重合区域与点云的重心相距较远而导致算法可能陷入局部最优解。在点云数据集的采集过程中，独立对象的源点集大都沿着对象为中心旋转一周均匀获取，如图 3-1 所示。

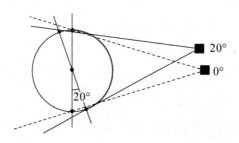

图 3-1　基于角度的点集重合度计算

图中红色弧段为两个相邻 20° 采集点云数据的理论重合区域。如果点云数据表示的对象水平剖面近似为圆形，则可以据此计算出其近似重合度为88.8%。然而，现实中大多数点云对象的水平剖面与圆形具有较大的差别，例如，人、动物、水壶、建筑物等。因此，根据采样角度估算两个点集的重合度通常存在一定的误差。

然而，采样角度可以近似表示重合度。一方面，角度越大，两个点集的重合度越低，反之亦然；另一方面，采样角度的指标更容易获取。因此，本章中数据的重合度用采样角度替代。

2. 角度

角度也是影响 ICP 算法配准结果的又一重要因素。由于 ICP 算法是一个迭代过程，因此，两个点集的角度越大，迭代的步骤越多，另外，当角度增加到一定值时，有可能出现翻转的错误配准结果。

图 3-2 分别显示了两个点集角度为 20° 和 180° 的初始位置。当角度较小

时［见图 3-2（a）］，ICP 算法在运行过程中会沿着正确的方向逐步迭代至正确的位置，而当角度过大时［见图 3-2（b）］，根据最近邻域点原则，其结果出现完全翻转的情况。

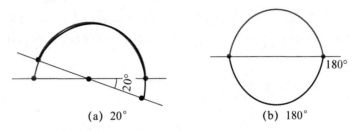

(a) 20°   (b) 180°

图 3-2   两个点集不同角度的位置

3. 距离

距离这个参数表示两个点集的间隔距离。ICP 算法在每次迭代中是通过搜索目标点集的最近邻域点进而构建同名点对的，如果两个点集在空间上的间隔距离不同，同名点对的搜索结果也有可能不同，极端情况下则会陷入局部最优解。

图 3-3 显示用于配准的两个点集不同的原始位置。不同位置上最近邻域点搜索的结果有可能具有差异，进而迭代的过程也有所不同，有可能产生错误的迭代过程，最终使得配准结果陷入局部最优解。本章仅分析平行方向和垂直方向的变化规律。

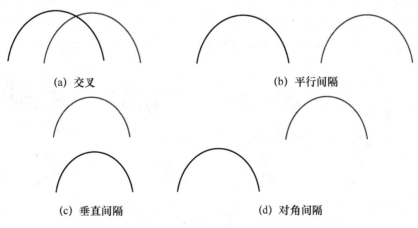

(a) 交叉   (b) 平行间隔

(c) 垂直间隔   (d) 对角间隔

图 3-3   不同位置的两个点集

4. 其他影响因素

其他因素也有可能对 ICP 算法的配准结果产生影响，如对象的形状等。不同的形状导致最近邻域点的搜索位置不同，也会对 ICP 算法迭代过程产生影响。

本章通过控制参数阈值均匀变化的方式，重点讨论采样角度、旋转角度、距离三个参数对 ICP 配准结果的影响，对象形状这一参数的影响则概要分析。

3.3 ICP 算法评价准则

ICP 算法主要用于点云数据配准，因此，ICP 算法评价准则包括算法的有效性、精度和效率三个方面。

3.3.1 算法数据说明

为验证 ICP 算法的有效性，共选取 4 种不同类型的点云数据用于实验，分别是合成点云（数据集名为 Armadillo）、立体像对点云（SuperMario）、深度点云（Duck）以及激光点云（Cheff）。其中，合成点云数据集来源于美国斯坦福大学计算机图形学实验室，其余 3 种点云数据集来源于意大利博洛尼亚大学计算机视觉实验室。

（1）合成点云

合成点云数据集由图形扫描仪扫描而来。从整个数据集中选取 7 幅原始数据用于实验，每幅数据沿着对象的侧面的 0°～180°间隔 30°采集而得。图 3-4 分别显示了 0°、30°、60° 和 90° 视角的合成点云数据。

0° 视角   30° 视角   60° 视角   90° 视角

图 3-4　合成点云部分原始数据

（2）立体像对点云

立体像对点云数据集由立体像对采集技术获取而来，数据集中用于实验的原始数据共 10 幅，采集原理同深度点云。图 3-5 分别显示了 0°、20°、40° 和 80° 视角的立体像对点云数据。

(a) 0° 视角　　(b) 20° 视角　　(c) 40° 视角　　(d) 80° 视角

图 3-5　立体像对点云部分原始数据

（3）深度点云

深度点云数据集由 Kinect 相机采集而来，从数据集选取了 10 幅原始数据用于实验，分别沿 0°～180° 上间隔 20° 采集而得，图 3-6 分别显示了 0°、20°、40° 和 80° 视角的深度点云数据。

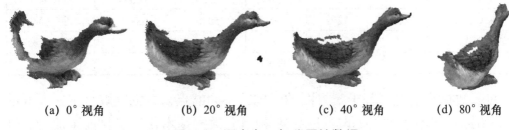

(a) 0° 视角　　　(b) 20° 视角　　　(c) 40° 视角　　　(d) 80° 视角

图 3-6　深度点云部分原始数据

（4）激光点云

激光点云数据集用激光扫描仪采集而来，原始实验数据为 10 幅，采集原理同深度点云。图 3-7 分别显示了 0°、20°、40° 和 80° 视角的激光点云数据。

表 3-1 给出上述 4 种点云数据的详细信息对比。在数据精度方面，激光点云精度最高，合成点云次之，立体像对点云精度稍低，深度点云精度最低。激光点云 0.5m 的平均点间距在所有点云中是最大的，然而，其数据集中点的数

量最多。在对象均为单个物体的前提下，点数多则细节能够描述得更好。在数据质量方面，激光点云质量最高，合成点云次之，深度点云质量较低，而立体像对点云质量最低。数据的质量取决于两个方面：点的连续性，离群点或噪声点的数量。4 种数据中，无论是连续性还是离群点，激光点云数据均质量最佳。立体像对点云不但连续性最差，而且存在大量被遮挡的区域，同时存在大量的散乱点。其他两种数据的质量居于激光点云和立体像对点云之间。

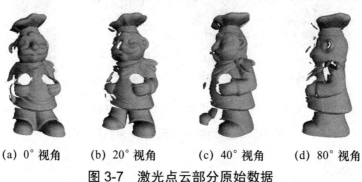

(a) 0° 视角　　(b) 20° 视角　　(c) 40° 视角　　(d) 80° 视角

图 3-7　激光点云部分原始数据

表 3-1　4 种点云数据的详细信息对比

点云数据类型	数据精度	连续性	离群点	平均点数	平均点间距	水平剖面
合成点云	中	较差	少	28000	0.0005	近似椭圆
深度点云	低	较差	少	15000	0.002	近似椭圆
立体像对点云	中	差	多	41000	0.1	近似椭圆
激光点云	高	好	极少	69000	0.5	近似圆形

点云数据集的选择基于三方面的考虑：不同的点云数据获取技术，不同的点云精度，不同的数据质量。上述 4 种点云数据基本代表了目前主流的三维点云数据获取方式，数据的精度和质量基本覆盖了高、中、低三个层次。此外，平均点间距范围是 1mm～0.5m，具有很大的跨度。因此，实验数据的选取具有较好的覆盖性和代表性，实验的结果也具有一定的通用性。

3.3.2　数据预处理

（1）采样角度

由于上述 4 个数据集是在不同的采样角度下直接获取的，因此该部分数据较为完整。将连续采集的数据集中第 1 个点集约定为 0° 采样角，其余点集的采样角度则按照与 0° 采样角点集的角度计算。采样角度虽然不能与重合度完全等同，但与重合度之间有一定的联系。表 3-2 显示了水平剖面为圆形的点云对象的重合度与采样角度之间的近似关系。

表 3-2　点云采样角度与重合度近似关系

合成点云			深度点云、立体像对点云、激光点云		
序号	采样角度（°）	重合度（%）	序号	采样角度（°）	重合度（%）
1	0	100	1	0	100
2	30	83.3	2	20	88.8
3	60	66.7	3	40	77.7
4	90	50.0	4	60	66.6
5	120	33.3	5	80	55.5

实验中，将 0° 采样角采集的点云数据集作为目标点云，其他采样角度下的点云作为源点云。在保证所有源点云数据集的旋转角度以及距离参数完全相同的情况下，将 4 种数据集中不同重合度的点云数据集分别与目标点云执行 ICP 算法配准，以此寻找 ICP 算法有效的临界重合度。

（2）旋转角度

由于原始数据中不同重合度的点云仅有一幅数据，因此需要对原始数据进行角度预处理。预处理过程如下：首先将所有点集旋转至与目标点集平行的位置，并以此作为 0° 旋转角；然后在 0° 基础上进行旋转操作，以 10° 为间隔均匀旋转到 180°。4 个不同类型点云数据集中，每种数据集选取 6 个不同重合度的点集（包括 0° 旋转角点集），每个重合度点集通过旋转变化生成 19 幅不同角度的点集，共 380 幅数据。图 3-8 显示了深度点云数据中采样角度为 20° 的点集从 0° 到 180° 均匀旋转的可视化结果。

实验中，0° 采样角及 0° 旋转角的点集为目标点集，其余点集为配准点集。

（3）平移处理

将 4 种源点云数据集中 0° 采样角点集进行平移处理。平移的规则包括平移方向和平移间隔。平移方向主要有两个：一个方向沿着平行于点云数据的近似表面的其中一个坐标轴，另一个方向为垂直于点云数据的近似表面的坐标轴。两个方向上的平移间隔均为点云在该方向坐标轴上长度的 1 倍。图 3-9 显示了平移的间隔，其中 ΔS_1 和 ΔS_2 分别表示两个方向上每次的平移量。

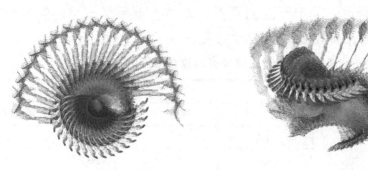

(a) 俯视图   (b) 斜视图

图 3-8　深度点云 0° 点集旋转数据生成结果

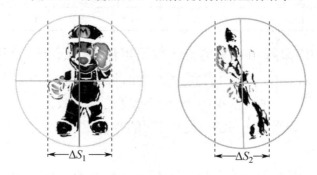

图 3-9　点云数据集在两个方向上的平移间隔

为寻找有效性的临界值，每幅点云数据在两个方向上分别进行 20 次等间隔的平移，共生成 160 幅点云数据集，将所有平移后的数据与目标点集进行 ICP 算法验证。图 3-10 为立体像对点云在两个方向上生成的平行平移结果。

(a) 平行平移结果

图 3-10　立体像对点云 0° 点集部分平移数据生成结果

(b)　垂直平移结果

图 3-10　立体像对点云 0°点集部分平移数据生成结果（续）

经过平移的 160 幅点集为目标点集，其余作为配准点集。

3.3.3　评价准则

评价准则主要包括算法的有效性、精度和效率等方面。

（1）有效性

ICP 算法的有效性评价主要依据三个参数：重合度、角度和距离。有效性的判定依据包括两个方面，一是对比迭代终止后的相对目标函数值；二是将两个点集叠加显示以辅助人工判定。基于 ICP 算法的点云配准结果只存在两种情况：正确与错误。如果目标点集和配准点集一致，即便采样角度、旋转角度和距离的参数值不同，只要配准结果正确，那么相对目标函数值也一定相同或相近。另一方面，结果出现错误则大多是因为迭代陷入了局部最优解，这种情况下变换后的点云位置与正确结果下的数据有很大差距，因此，两者之间的目标函数值也相差较大。在参数值增加的过程中，当相对目标函数值出现突变时，该突变下的配准结果极有可能陷入局部最优解。针对出现突变的前后两种参数，通过可视化叠加显示，利用人工判定进行最终认定。有效性评价的目的是寻求 ICP 算法在三个参数上能够取得正确配准结果的阈值范围，因此，当参数值增加到一个特定值而导致配准错误时，则认为该参数值不具有效性。即便参数值再次增加而使配准正确，也认为在该范围内ICP 算法不稳定，不计入有效性参数范围。

（2）精度

ICP 算法在迭代过程中根据目标函数来判断是否终止，因此目标函数通常用来评价配准精度。然而，该方法有两个问题，一是不同数据集的采样间隔（最近邻域点距离）不同，这使得相互之间不具有可比性；二是不同重合度的两个点集用目标函数描述的配准误差可能不准确。

为解决不同采样间隔误差可比性的问题，引入"相对目标函数"这一概念。相对目标函数在目标函数的基础上消除不同点集的采样间隔，其数值表示的是最近邻域点距离的倍数，公式如下：

$$\text{dRMS}_R^2(P^*,Q^*) = \frac{\text{dRMS}^2(P^*,Q^*)}{s^2} \tag{3-1}$$

式中，$\text{dRMS}_R^2(P^*,Q^*)$ 表示相对目标函数。

当两个点集重合度较低时，如果正确配准到一起，其目标函数的值反而较大。反之，配准后的两个点集的目标函数较小且位置靠近。然而，如果重合度较低，其误差可能会更大。

图 3-11 中的（a）为两个点集正确的位置，而 ICP 算法配准的结果极有可能如图 3-11 中的（b）所示。究其原因，图 3-11 中（b）的目标函数值小于（a）。因此，精度评价中除相对目标函数外，增加一种表达，即真实误差。真实误差采用人工测算的方式，从配准后的两个点集中人工选取若干个同名点，计算其误差值，公式如下：

$$E_R(P^*,Q^*) = \frac{\sum\limits_{k=1}^{m}(\|q_k - p_k\|)}{m \cdot s} \tag{3-2}$$

式中，q_k 和 p_k 分别为两个点集中第 k 个同名点对，m 为选取的点数，s 为采样间隔。需要说明的是，精度评价仅针对 ICP 算法的有效范围内进行，对于陷入局部最优解的情况则认为配准错误，不予考虑。

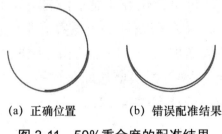

(a) 正确位置 　　　　(b) 错误配准结果

图 3-11　50%重合度的配准结果

精度的评价仅仅针对正确的配准结果，而旋转角度和位置两个参数对结果不产生影响，因此，精度评价主要分析不同采样角度的点集及其配准的误差。

（3）效率

效率评价主要依据不同参数情形下 ICP 算法的运行时间，分别用三个参数分析其变化规律。当两个用于配准的点集的采样角度、旋转角度以及位置不同时，ICP 算法在运行过程中的迭代次数也不同，因此不同参数的算法效率具有一定的差异性。ICP 算法中需要寻找同名点对，因此点云数据集中的点数对算法效率有很大影响。尽管迭代次数也能反映 ICP 算法的效率，但数据量不同的点集，即便所有参数设置完全相同，ICP 算法的运行时间也具有较大差异性。因此，为保证不同点集之间在效率上的可对比性，效率统一用相对运行时间来表征，即点云配准运行时间与数据集点数的比值。

3.4　ICP 算法评价结果

本节基于 ICP 算法的评价准则，系统阐述 ICP 算法在有效性、精度和效率三个重要指标上的评价结果。

3.4.1　ICP 算法有效性分析

本节通过实验结果系统分析 ICP 算法在采样角度、旋转角度和（采样）距离三个参数下的有效性范围。从采样角度和旋转角度为 0° 以及采样距离为 0 开始实验，在参数值逐渐增加的过程中，出现第一次陷入局部最优解的情况即为有效性的边界。

（1）基于采样角度-旋转角度的有效性

4 种数据集均以 0° 采样角的源点云数据集作为目标点集，其他采样角度（包括 0°）的点集及其以 10° 为间隔均匀旋转后的数据作为配准点集，分别执行 ICP 算法。图 3-12 显示了每次配准后的相对目标函数值。

图中横坐标表示不同的旋转角度，纵坐标为相对目标函数值，图例中不同颜色的曲线表示采样角度。从图中可以看出，4 种点云数据集随采样角度-旋转角度参数的变化而表现出的配准结果具有一定的相似性。首先，在每个采样角度的点集中，相对目标函数一开始稳定在一个较低的值，当旋转角度增加到一个特定值时，相对目标函数呈现突变，且突变前后的两个值差异较大。根据 3.2.3 节的评价准则，可以初步认为突变前的点集配准结果正确，而发生突变的旋转角度，其点集配准结果陷入局部最优解。

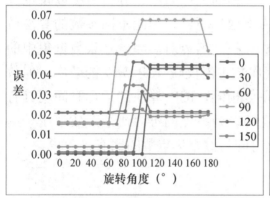

(a) 合成点云

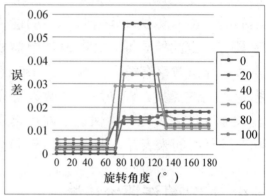

(b) 深度点云

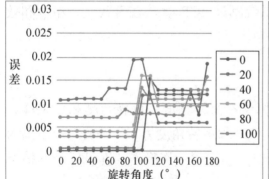

(c) 立体像对点云

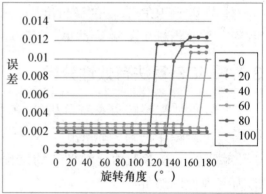

(d) 激光点云

图 3-12　采样角度-旋转角度的配准误差

同时，利用人工判读方式进行验证。图 3-13 为合成点云数据集中采样角度30°的点集在不同旋转角度下的配准结果，其中，图 3-13 中（a）的旋转角度为 90°，（b）的为 100°，（c）的为 110°，分别对应图 3-12（a）中橙色线的三个突变点。从图中可知，采样角度为 30°的点集，其旋转角度在 90°

时配准结果正确，超过 100° 则陷入局部最优解。同时，旋转角度小于 90° 的点集，其结果的相对目标函数值稳定在一条水平线上，因此有理由相信，该点集在小于或等于 90° 的范围内均能取得正确的配准结果。此外，100° 和110° 旋转角的相对目标函数值不同，对照图 3-13 中的（b）和（c）可知，两个参数均陷入局部最优解。这表明，基于 ICP 算法的配准过程，陷入局部最优解的结果可能并不是唯一的。通过对图 3-12 的观察可以看出，局部最优解类型大都在 1～4 个之间，其值取决于对象的形状以及采样角度。

(a)　正确配准结果　　　　　(b)　局部最优解一　　　　　(c)　局部最优解二

图 3-13　正确配准与局部最优解的结果

随着旋转角度的增加，4 种点集中正确配准结果的相对目标函数值呈现先增大后减小的变化规律。这种情况也说明，当采样角度过大时，极有可能出现图 3-11 所示的配准结果，即，表面上看起来相对目标函数值减小，但配准的误差反而增大。随着采样角度的增加，正确配准结果的相对目标函数值与局部最优之间的差异性呈现逐渐减小的趋势。这表明，采样角度越大，配准点集与目标点集的重合度越小，配准的结果误差也越大，而这也验证了误差用相对目标函数值表示是不准确的。

另一方面，4 种点集的配准结果存在一些差异。首先，每种点集在不同采样角度下能够取得正确结果的临界旋转角度有差异，图 3-14 为各点集基于采样角度-旋转角度的有效临界值。合成点云的临界旋转角为 60°～100°，深度点云的临界旋转角为 60°～70°，立体像对点云的临界旋转角为 70°～100°，而激光点云的则为 110°～180°。4 种数据集中除了激光点云，其他三种的临界值较为接近，且随着采样角度的增大，旋转角度的临界值呈缓慢减小的趋势。激光点云数据的临界旋转角度随采样角度的增加反而呈增加的趋势。这是因为激光点云数据集与圆柱体相近，其水平剖面类似为圆形，在每个采样角度下获取的点集整体形状也较为相似，水平剖面近似为圆弧。因此，在牺牲配准精度的前提下，其旋转角度的临界值反而更大。而其他三种数据水平剖面不规则，在寻找最近邻域点时没有出现激光点云的这种现象。

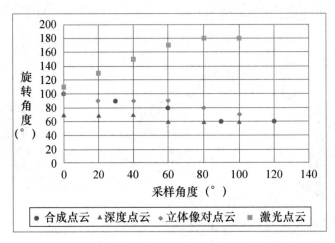

图 3-14 基于采样角度-旋转角度的各点集有效临界点

每种点集的相对目标函数值开始下降的临界采样角度不一样，合成点云为 120°，深度点云为 100°，立体像对点云为 80°，激光点云则为 40°。由前述可知，配准误差随着采样角度的增加而增加，而相对目标函数值出现减小的情况，表明该采样角度下的配准结果出现了较大偏差。

为寻找不同点集基于采样角度-旋转角度下 ICP 算法的通用有效范围，提取 4 种数据集中临界点的最小值并进行线性拟合，得出图 3-15 所示的曲线。当位于曲线以下时，ICP 算法大概率不会陷入局部最优解，反之亦然。从图中可以看出，采样角度严格意义上来说对 ICP 算法是否陷入局部最优解的影响不大，即使两个点集的重合度小于 50%，也能够对准到一起，只不过精度变化较大。而旋转角度对 ICP 算法的影响较大，其存在一个临界值，当超过该临界值时，一定会陷入局部最优解。

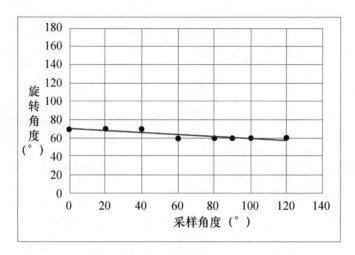

图 3-15　基于采样角度–旋转角度的通用有效范围拟合

需要说明的是，该线是在两个点集初始位置大致重叠的前提下得出的，即该拟合的范围是在默认距离参数不影响配准结果前提下的最好结果。关于距离参数对配准结果的影响，见下面的描述。

（2）基于采样角度–距离的有效性

本节主要评价采样角度与距离对 ICP 配准结果的影响。将 4 种数据集中的目标点集分别沿平行于点集和垂直于点集的近似平面以固定间隔均匀平移 20 次，同时选取不同采样角度的数据，保持其旋转角度为 0°并以此作为配准点集，最终分析其在两个方向上的配准结果。

图 3-16 为 4 种数据集中目标点集沿着平行于数据平面的配准结果。其中，横坐标为平移的间距倍数，纵坐标为相对目标函数值，图例为不同的采样角度。可以看出，4 种数据集在平行于数据平面的有效距离差别很大。首先，各数据集的有效范围具有很大差别，其中合成点云的有效范围最小，为 2 倍间距以内，深度点云的为 6～10 倍之间，立体像对点云的较大，其在 60°采样角以内的有效范围为 11～15 倍，激光点云的有效范围最大，除 0°采样角的 14 倍和 15 倍间距出现局部最优解的情况，其余均超过 20 倍间距。

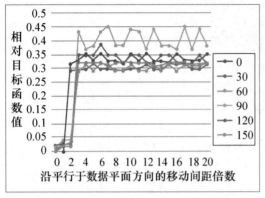

(a) 合成点云

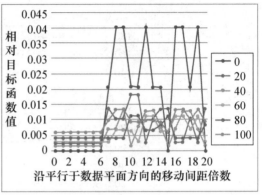

(b) 深度点云

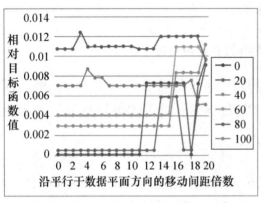

(c) 立体像对点云

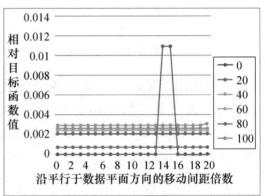

(d) 激光点云

图 3-16　沿平行于数据平面的采样角度–距离配准误差

　　出现上述差异的最主要原因是数据集对象形状的不同。ICP 算法通过寻找最近邻域点来不断迭代，因此对象形状的不同会导致最近邻域点的搜索结果不同。以合成点云和立体像对点云两种点集为例，合成点云数据集为犰狳（Armadillo），其水平剖面类似马蹄形；而立体像对点云为超级玛丽（Super-Mario），其水平剖面近似梯形。图 3-17 和图 3-18 分别为这两种点集的 ICP 算法迭代过程，其中，配准点集分别是合成数据采样角为 30°、立体像对数据采样角为 20°，横向偏移均为 1 倍间距，旋转角为 0°。图中，红色点集为目标点集，黑色点集为原始的配准点集，蓝色点集为配准点集在每次迭代后的结果。

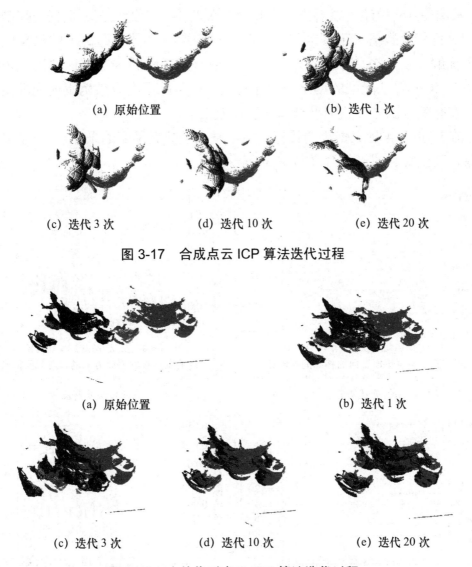

(a) 原始位置　　　　　　　　　　(b) 迭代 1 次

(c) 迭代 3 次　　　　(d) 迭代 10 次　　　　(e) 迭代 20 次

图 3-17　合成点云 ICP 算法迭代过程

(a) 原始位置　　　　　　　　　　(b) 迭代 1 次

(c) 迭代 3 次　　　　(d) 迭代 10 次　　　　(e) 迭代 20 次

图 3-18　立体像对点云 ICP 算法迭代过程

从上述两图可以看出，立体像对点云在迭代过程中呈平行趋势逐渐接近，而合成点云则在第 1 次迭代后即出现些许旋转。这一现象发生的根本原因是，对象形状的不同导致最近邻域点的搜索结果不同，进而使得每次迭代后生成的刚体变换矩阵出现很大偏差。

从图 3-16 中还可以看出，在超出有效范围时，绝大部分数据集配准结果的相对目标函数值上下摆动很大，甚至出现前一个单位距离下的结果陷入局部最优解、后一个单位距离下的结果又成为正确解的情况。这种情况表明，距离对 ICP 算法配准的结果影响非常大，而且除了在有效范围内配准结果正确，在有效范围之外的配准结果前后偏差很大。

图 3-19 为 4 种数据集的目标点集沿垂直于数据平面的采样角度-距离配准结果，其坐标和图例的含义与图 3-16 一致。

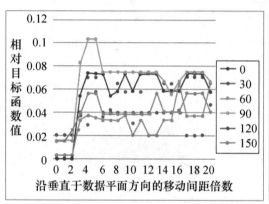

(a) 合成点云

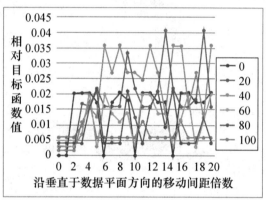

(b) 深度点云

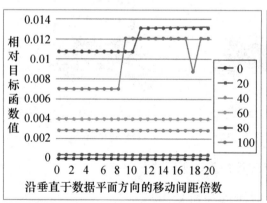

(c) 立体像对点云

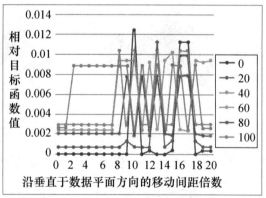

(d) 激光点云

图 3-19　沿垂直于数据平面的采样角度-距离配准结果

与平行方向移动的配准结果有所不同，在垂直于数据平面方向移动的结果中，合成点云和立体像对点云的有效范围增加，而深度点云和激光点云的有效范围反而减少。合成点云的目标点集在垂直方向上是对称的，这使得最近邻域点的搜索相对于平行方向上更加准确；而立体像对点云数据集的离群点和遮挡区域较多，且不同点集之间的离群点存在一定数量的同名点对，这使得最近邻域点的搜索效率反而被提高。深度点云和激光点云数据连续性较好且不对称，随着垂直距离的增大，错误的最近邻域点概率也大大增加。此外，垂直平移的配准结果在有效范围之外上下摆动的幅度和频率明显高于水平方向，这表明垂直方向上的稳定性差于水平方向。图 3-20 为 4 种数据集在两个方向上基于采样角度-平移间距倍数的有效临界点。

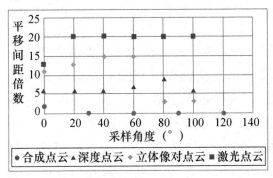
(a) 沿平行对象平面方向

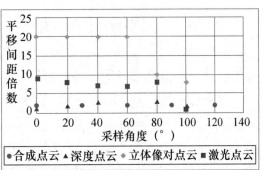
(b) 沿垂直对象平面方向

图 3-20　基于采样角度-平移间距倍数的有效临界点

　　由图可知，每种数据集的有效范围构成的连线较为平缓，表明采样角度对 ICP 算法的有效性具有一定的影响，但影响不大，而不同平移距离之间则具有明显的界线。在 4 种数据集中，合成点云数据集的有效范围最小，深度点云次之，激光点云和立体像对则分别在水平和垂直两个方向上具有最大的有效距离。按照通用性的原则，选取所有数据集在两个方向上的最小范围，构建基于采样角度-距离的通用有效范围拟合，如图 3-21 所示。

　　合成点云的大部分数据在 1 倍间距之后均陷入局部最优解，因此，针对 0.5 倍的水平间距又做了一组实验，均取得正确的配准结果。因此认为 0.5 倍间距为水平方向的有效范围。

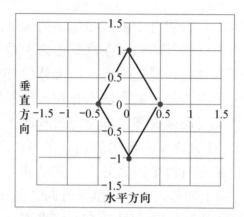

图 3-21 基于采样角度-距离的通用有效范围拟合

（3）基于旋转角度-距离的有效性

4 种点云数据集中选取合成点云的采样角为30°、其他点云采样角为20°的点集，从 0° 开始以 10° 为间隔均匀旋转并以此作为配准点集。从前述内容可知，ICP 算法在基于采样角度-旋转角度下的有效范围最小为 60°，因此这里的配准点集最大旋转角度选取为 60°。同时，目标点集的选取原则与基于采样角度-距离的实验相同。图 3-22 和图 3-23 分别为目标点集沿平行和垂直两个方向上的配准结果，其中横坐标为平移的间距倍数，纵坐标为相对目标函数值，图例为旋转角度。

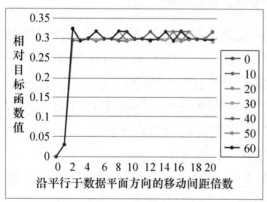

（a）合成点云

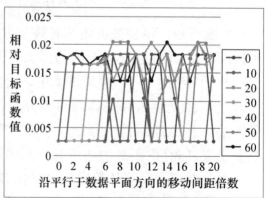

（b）深度点云

图 3-22 沿平行于数据平面的旋转角度-距离配准结果

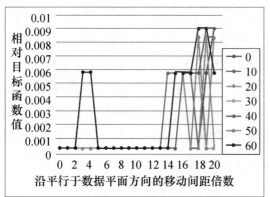

(c) 立体像对点云

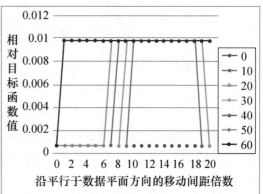

(d) 激光点云

图 3-22　沿平行于数据平面的旋转角度-距离配准结果（续）

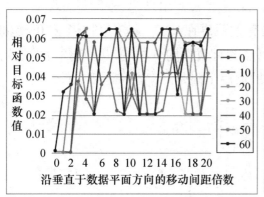

(a) 合成点云

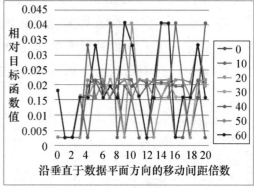

(b) 深度点云

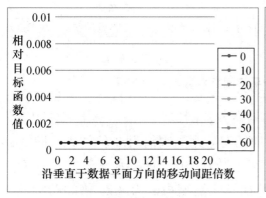

(c) 立体像对点云

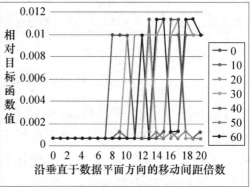

(d) 激光点云

图 3-23　沿垂直于数据平面的旋转角度-距离配准结果

在垂直于数据平面方向上，配准结果与基于采样角度-距离的结果较为相似。合成点云有效范围比沿平行方向的有所增加，为 1~4 倍间距；而深度点云的反而减小，为 0~4 倍间距。立体像对点云在配准数据 30° 采样角以内，其有效范围达到实验的最大距离参数，为 20 倍间距；而激光点云的有效范围仍然处于中间水平。另一个相同点是，整体垂直方向的有效范围大于水平方向（深度点云除外），同时，在有效范围之外的相对误差函数值，上下摆动的频率和幅度高于基于水平方向的配准结果，同样验证了垂直方向的配准稳定性差于水平方向。

图 3-24 为 4 种数据集在两个方向上基于旋转角度-平移间距倍数的有效范围。由图中可以看出，在平行方向上，随着旋转角度的增加，有效距离大多呈下降趋势，且部分数据集（激光点云、深度点云）出现急速下降的现象。同时，合成点云、深度点云和激光点云的有效距离在 60° 旋转角时趋于 0 倍间距。这表明，旋转角度和距离对 ICP 算法的有效性均有影响，旋转角度的通用上限是 60°，而距离在水平和垂直方向的通用上限是 0.5 倍间距和 1 倍间距。

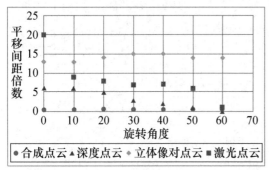
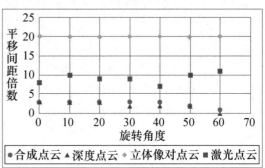

(a) 平行方向　　　　　　　　　　　(b) 垂直方向

图 3-24　基于旋转角度-平移间距倍数的有效范围

图 3-25 为基于旋转角度-距离的通用有效范围拟合结果，三维立体内部为有效范围。需要说明的是，由于水平方向的有效距离阈值为 0 倍间距 [图 3-24 中的（b）]，在图 3-25 中，当旋转角度上升到 30° 时，水平方向上的有效距离临界值按照垂直方向的相对变化进行等比例缩小，为 0.5 倍间距的三分之二。

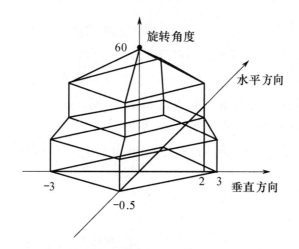

图 3-25   基于旋转角度-距离的通用有效范围拟合结果

3.4.2   ICP 算法精度分析

由于 ICP 算法的配准可能陷入局部最优解，因此其配准结果会出现正确或错误两种情况。本节仅针对正确的 ICP 算法配准结果分析其配准精度。前面讨论的三种参数中，在采样角度相同的前提下，旋转角度和距离参数的不同会使有效性范围出现差异。然而，在其有效范围内配准，相对目标函数值则是一致的（见图 3-22 和图 3-23）。这说明，在正确配准前提下，旋转角度和距离两个参数对 ICP 算法配准的精度没有影响。因此，精度分析重点讨论不同采样角度下的误差。

在 3.5.1 节的有效性分析中，主要采用相对目标函数值来表示误差。图 3-26 中的（a）为 4 种数据集有效范围内不同采样角度下 ICP 算法配准的误差。从图中可以看出，误差并没有严格地随着采样角度的增大而增大，反而在部分阈值中出现减小的现象，例如，采样角度为 40° 时的深度点云、100° 时的立体像对点云以及 60° 时的激光点云等。这是因为相对目标函数主要用来描述两个点集中最近邻域点的平均误差，然而从配准结果来看，最近邻域点往往并不是其同名点，尤其是，两个点集采样角度越大（重合度越小），成为非同名点对的可能性也越大。

为准确描述不同采样角度下的 ICP 算法配准的精度，将配准后的点集与目标点集叠加，通过人工寻找同名点对的方式计算平均误差与最近邻域点距离的比值，以此作为真实误差。图 3-26 中的（b）为 4 种数据集不同采样角度的真实误差。可以看出，激光点云的误差最大，其余三种数据集在采样角度小于 60° 时误差较为接近，超出 60° 后具有较大的差异。其原因可从图 3-11 中看出一二，激光点云水平剖面接近为圆弧，这种情况更容易出现图 3-11 所示的错位误差。

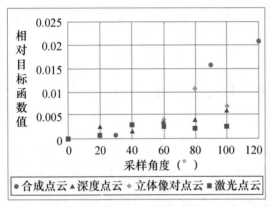 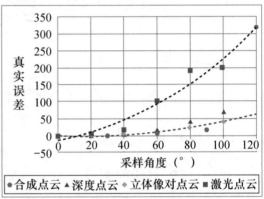

（a）相对目标函数值 　　　　　　　　　（b）真实误差

图 3-26　两种配准精度

另一方面，图 3-26 中（b）的黑色虚线和红色虚线为拟合出现最大误差和最小误差的趋势线，均符合二次曲线的规律。由此表明，随着采样角度的增加，误差增加的速度越来越快。当采样角度为 20° 时，误差大都维持在 2 倍最近邻域点距离，激光点云稍大，为 5 倍；当采样角度为 40° 时，前三种数据集维持在 5 倍之内，激光点云约为 15 倍；而当采样角度为 60° 时，深度点云为 15 倍，激光点云为 100 倍，其余两种为 10 倍以内。从适用性角度看，若配准结果取得较高的精度，当然是采样角度越小越好。当点云数据集的水平剖面类似圆弧时，其在取得高精度配准结果的适用范围要小于不规则数据集，合理的采样角度范围为 20° 以内；而其他数据集的合理范围为 40° 以内。

3.4.3　ICP 算法效率分析

图 3-27 为不同参数下 ICP 算法的效率（相对运行时间）对比，其中，

（a）为 4 种数据集中大于 0°的最小采样角（合成点云为 30°，其余点云为 20°），其间距为 0 时不同旋转角度下的相对运行时间，（b）为合成点云中基于采样角度-旋转角度的相对运行时间（图例为采样角度），（c）和（d）分别为沿平行和垂直两个方向上的相对运行时间，其数据与（a）相同。

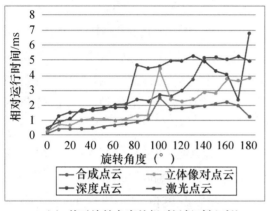

（a）基于旋转角度的相对运行时间对比　　　（b）合成点云采样-旋转角度的相对运行时间对比

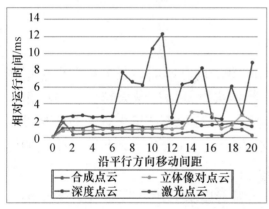

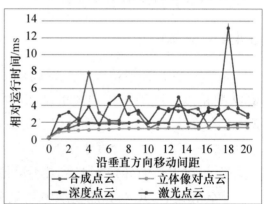

（c）基于平行距离的相对运行时间对比　　　（d）基于垂直距离的相对运行时间对比

图 3-27　不同参数下 ICP 算法效率对比

从图 3-27 中的（a）可以看出，4 种数据集随着旋转角度的增大，相对运行时间均缓慢增大，由此表明，旋转角度对 ICP 算法的效率有一定的影响。同时，增大到一定角度后，相对运行时间出现突变增长的过程，4 种数据集中出现突变的旋转角分别为合成点云 100°、深度点云 80°、立体像对点云 100°

以及激光点云 140°。这 4 个旋转角度恰为各自数据集的有效性临界值，这表明，通过观察 ICP 算法运行效率的变化趋势，同样可以得出其有效临界值。

从采样角度来看，图 3-27 中的（b）相对运行时间发生突变前的最大旋转角分别为 100°、90°、80°、60° 和 70°，除采样角为 120° 的结果与其相同，其余采样角度的结果完全一致。此外，除了 120° 采样角，其余采样角度的相对运行时间在其有效范围内的曲线几乎一致（0° 旋转角除外）。从图 3-24 中的（b）可以看出，合成点云数据集中采样角为 120° 的点集，配准结果的相对误差已经超过了 300 倍间距，因此可以排除在外。此外，由于图 3-27 中的（b）计算效率采用的是绝对时间，因此可以得出，在 ICP 算法的有效范围内，采样角度几乎不影响配准的效率。

图 3-27 中的（c）和（d），在两个方向上相对时间的变化趋势也与距离的有效范围临界值一致（除了 0 倍间距）。此外，在距离的有效范围内，其 ICP 算法相对运行时间较为平稳。由此说明，当两个点集位置不重合时，其距离的大小对 ICP 算法的效率影响不大。

3.4.4 总体评价

采样角度、旋转角度以及距离对 ICP 算法均有影响。采样角度直接影响算法的精度，随着采样角度的增大，配准结果误差增速越来越大。采样角度对 ICP 算法是否陷入局部最优解的影响很小，从实验结果来看，即便是采样角度相差 120°（重合度小于 50%）也不会陷入局部最优解，只不过带来的问题是误差很大从而导致配准结果不可用。

旋转角度在 ICP 算法配准中是一个重要的因素，其不但对 ICP 算法陷入局部最优解有决定性影响，而且对算法效率也有影响。旋转角度对于局部最优解存在一个临界值，一旦超出该值，ICP 算法会陷入局部最优解，且超出范围的所有结果全部陷入局部最优解。在有效范围内，旋转角度与算法效率之间呈一定的负相关性，即旋转角度增大，算法效率降低。如果 ICP 算法配准结果正确，则旋转角度对精度没有任何影响。

两个点集的距离仅对 ICP 算法的有效性有影响，对配准精度没有影响，对配准效率具有极小的影响。两个点集的距离对于 ICP 算法具有一个有效的范围，且在平行于点集对象的近似平面方向上的范围要小于垂直方向的范围。在有效范围之外，ICP 算法的配准结果表现出极大的不稳定性，可能存在正确解与局部最优解交替出现的现象，而且，这种动荡在垂直方向上表现得更频繁。

对象的形状对 ICP 算法的有效范围以及配准结果的精度也存在较大影响。如果一个完整对象的形状类似于圆柱体，其每个采样角度下的点集水平剖面类似于圆弧，则配准的结果误差明显高于其他不规则对象，采样角度增大，有效范围增大。若点集表面的曲面弧度过大，则会增大其陷入局部最优解的概率，同时会减小距离的有效范围。

总体来说，若追求配准精度，则应保持足够高的重合度，即减小采样角度，通用情况下采样角度的有效范围为 30°～40°。在保持两个点集重合的前提下，旋转角度的最小有效范围为 60° 以内。平行距离的通用最小距离小于 1 倍间距，即至少保证两个点集在平行方向有重叠；垂直方向则小于 2 倍间距。在实际应用中，若选择旋转角度和距离这两个参数中的一个并使其尽量与目标点集靠近，则可以增大另一个参数的有效范围。

第4章　基于初始4点对的点云配准方法

在第 3 章中讨论到，ICP 算法具有一定的参数值范围要求。因此，在 ICP 算法无法有效运行的参数值范围，通常先执行全局配准，以弥补 ICP 算法的缺陷。全局配准的研究目前主要集中在点的特征描述、同名点对搜索策略以及刚体变换矩阵求解等方面。

点云配准的常规流程如图 4-1 所示。首先从点云数据集中提取关键点（也就是特征点），并对这些关键点（特征点）计算其特征描述子，然后依据点的特征相似性以及空间位置的关系进行全局配准，即寻找同名点对、计算刚体变换矩阵，最后利用 ICP 算法完成局部配准。

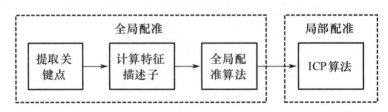

图 4-1　点云配准常规流程

这种全局配准方法利用探测器（Detector）提取少量的关键点，旨在减少后续工作中参与运算的点的数量，进而提高运算效率。然而，提取关键点和计算特征描述子采用的是两种完全不同的算法。基于探测器提取关键点的目的是在尽可能保持整体形状的前提下提取原始点集的子集，这种方式类似于降采样；而特征描述子则是描述点在其局部范围内的形状或位置关系。因此，两种算法的区别是，探测器提取的关键点均匀分布于原始点集中，而基于特征描述子提取的特征点在空间分布上具有一定的聚集性。

　　图 4-2 显示了基于 LSP 和 ISS 算法两种方式关键点的提取结果。其中，图 4-2（a）和图 4-2（b）采用 LSP 算法，图 4-2（c）和图 4-2（d）为 ISS 算法的结果。图 4-3 是基于特征描述子的关键点提取结果，它采用了 FPFH 算法。从结果中可以看出，探测器提取的关键点均匀分布于整个点集中，而基于特征描述子的结果则集中在耳朵、鼻子、眼睛等具有明显形状特征的区域。

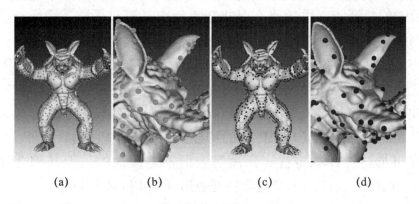

（a）　　　　　　（b）　　　　　　（c）　　　　　　（d）

图 4-2　基于 LSP 和 ISS 算法的关键点提取结果（Tombari，2013）

图 4-3　基于特征描述子的关键点提取结果

　　由于基于特征描述子提取的关键点大都聚集在少量区域，而探测器提取的关键点均匀分布，因此，在常规点云配准流程中，经过探测器和描述子两个步骤，具有显著特征的点数大大减少，这给后期同名点对的搜索带来一定的不确定性，例如，降低了全局配准的精度等。

　　本章提出一种基于初始 4 点对（Four Initial Point Pairs，FIPP）的点云配准方法。与常规方法不同的是，该方法将提取关键点以及描述关键点的特征描述子两个环节合并成一个步骤，即基于 FPFH 特征描述子来提取具有显著特征的点，然后用 FIPP 算法进行同名点对的搜索，最后借助整体最小二乘法求解刚体变换矩阵。

4.1 特征点提取

点云中的特征点（关键点）是指在点集中具有显著位置特征或形状特征的点，例如，顶点、褶皱线上的点、凹凸点等。提取特征点的目的一是减少后期参与运算的点的数量，二是提高同名点对搜索的命中率，提高算法效率。本节提取特征点主要基于点特征描述子来计算。在现有几十种特征描述子中，FPFH 算法的计算复杂度为 $O(kn)$，且直方图维度最小，因此 FPFH 算法具有最高的计算效率（THRIFT 的特征描述性效果较差）。此外，FPFH 算法虽然在可描述性、稳定性、尺度等方面不是最优的，但其综合排名靠前（Guo 等，2016），因此，本节提取特征点时采用 FPFH 描述子。

4.1.1 基于 FPFH 值的点特征描述

由于 FPFH 值被用来提取点集中具有显著特征的点，因此需要重点讨论特征显著点与非特征显著点在 FPFH 表达上的差异性。本节选取三种类型的点进行讨论：特征显著点（简称显著点）、非特征显著点（简称非显著点）和中间点。其中，显著点选取的是位于顶点区域的点，非显著点选取的是位于较平缓三维表面上的点，而中间点则介于两者之间，即不处于平缓表面但形状特征不太明显的点。

如 2.2 节所述，FPFH（值）是基于点与邻域点（邻点，或称近邻点）之间的法线夹角统计得出的，而法线的方向取决于搜索半径的大小，因此搜索半径对法向量具有一定的影响。同时，FPFH 也是基于邻域半径统计的，故搜索半径对 FPFH 算法的结果存在一定的影响。为弄清法向搜索半径（r_n）和 FPFH 搜索半径（r_h）对于三种类型点的 FPFH 值的变化规律，将 r_n 和 r_h 的值分别选取点集中最近邻距离的 1～8 倍，同时保持另一个值不变。本节中，当其中一个搜索半径按照倍数均匀增长时，另一个搜索半径均选取中间值即 5 倍最近邻距离。

图 4-4 至图 4-6 分别为非显著点、显著点和中间点的 FPFH 值在 FPFH 搜索半径 r_h 保持不变且随法向搜索半径 r_n 均匀变化而变化的情况。图中的图例数字为 r_n 与采样密度的比值，后续出现的图例同样处理。

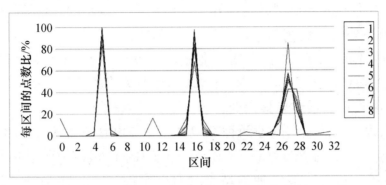

图 4-4　不同法向搜索半径 r_n 下的非显著点 FPFH 值

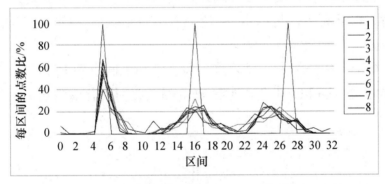

图 4-5　不同法向搜索半径 r_n 下的显著点 FPFH 值

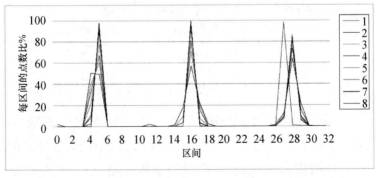

图 4-6　不同法向搜索半径 r_n 下的中间点 FPFH 值

从上述三个结果可以看出，当 r_n 为 1 倍最近邻距离时，三种类型点的 FPFH 值极为相似，且与 r_n 的其他阈值呈现明显不同的现象。这是因为法向搜索半径过小时，参与计算法向的邻域点数过少，因此法向的值并不准确。当 r_n 为 2 时，三种点开始出现区别，其中，显著点的 FPFH 值在区间上的分布较为分散，而另外两种点在其中两个区间上集中，另一个稍微分散，不同的是分散的方向不同。当 r_n 大于 3 时，非显著点和中间点的变化规律较为明显，随着 r_n 值的增加，在三个方向上均呈现出逐渐集聚的趋势。然而，显著点的 FPFH 值随着 r_n 值的增加总体上变化仍显混乱，规律性不明显。

总体来说，显著点与其他两种类型的点在 FPFH 的表达上具有明显的差异，且当 r_n 大于 3 时差异性较为稳定；中间点的 FPFH 值受 r_n 的影响较大，当 r_n 较小时，其与其他两种类型点具有一定的差异，而当 r_n 较大时，其 FPFH 值越来越趋同于非显著点。因此在提取特征值时，如果点云对象整体形状较为平滑、显著点少，可以将 r_n 值设置得较小以增加特征点的数量，反之则设置得较大。

图 4-7 至图 4-9 分别为非显著点、显著点和中间点的 FPFH 值在法向搜索半径 r_n 保持不变且随 FPFH 搜索半径 r_h 均匀变化而变化的情况。

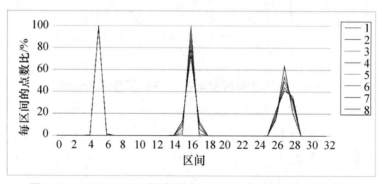

图 4-7　不同 FPFH 搜索半径 r_h 下的非显著点 FPFH 值

可以看出，三种类型点的 FPFH 值随 r_h 的不同而变化的规律与 r_n 较为相似。最大的不同之处在于，随着 r_h 的增加，FPFH 值呈逐渐分散的趋势，这与 r_n 的变化规律正好相反。造成这一差异的原因是法线依赖于切平面的位置，半径越大则切平面越趋于一致，而 FPFH 值取决于当前点与其邻域点之间的法向角度关系，半径越大则邻域点越多，而邻域点越多则直方图被散射的可能性越大。

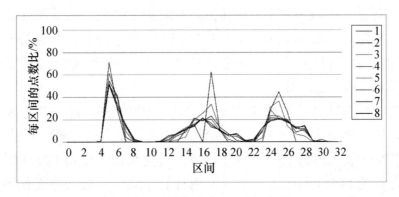

图 4-8　不同 FPFH 搜索半径 r_h 下的显著点 FPFH 值

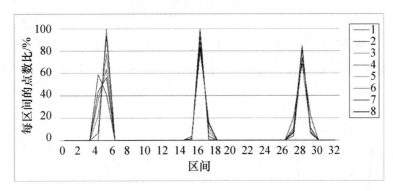

图 4-9　不同 FPFH 搜索半径 r_h 下的中间点 FPFH 值

依据法向搜索半径与 FPFH 搜索半径对不同类型点的差异性可以得出，只要搜索半径大小适中，点集中的显著点与其他两种点在 FPFH 表达上的差异性较为明显。虽然 r_n 和 r_h 对 FPFH 的规律完全相反，但两者在有效区分不同类型点的阈值上还是存在一定的重叠范围。搜索半径的最佳阈值处于中间位置，即 4～5 倍的最近邻距离。

4.1.2　基于 FPFH 的特征点提取

在能够有效区分显著点与其他点在 FPFH 值上的差异之后，需要考虑的是如何将显著点从原始点集中提取出来，并用于后续同名点对的搜索。理论上，最佳的方法是将所有点的 FPFH 值与非显著点进行对比，若差异性较大，则为显著点，否则为非显著点。然而，图 4-4 和图 4-7 中的非显著点是手动选取的，对于一个没有经过验证的点云数据集来说，非显著点的信息是未知的；另一方面，将图 4-4 或图 4-7 中的 FPFH 值作为非显著点的先验数据，以此对一个初始点集中的所有点进行判断也是不够严谨的，因为不同的点集，其非显著点也存在一定的差异。

较好的替代方案是计算每个点集的平均 FPFH 值。在一个三维对象中，无论表面是突变的还是渐变的，其位于较平缓表面上的点都占绝大多数，因此，平均 FPFH 值在理论上应当与非显著点较为相似。平均 FPFH 值表示一个点集中所有点的 FPFH 值在各自的区间内计算平均值，公式定义如下：

$$MFPFH = \frac{1}{n}\sum_{i=1}^{n} FPFH \qquad (4\text{-}1)$$

同样，分别对 r_n 和 r_h 取 1～8 倍最近邻距离并计算 MFPFH 值，得到 MFPFH 值随两种搜索半径增加而变化的值，如图 4-10 和图 4-11 所示。

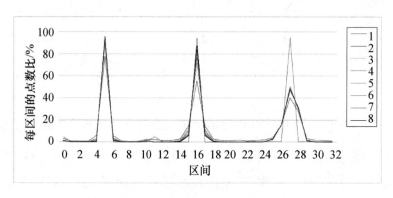

图 4-10 不同法向搜索半径 r_n 下的 MFPFH 值

可以清晰地看出，当 $r_n \geqslant 3$、$r_h \geqslant 2$ 时，MFPFH 值与非显著点的 FPFH 值非常接近。这也证实了用 MFPFH 值代替非显著点的 FPFH 值对所有点进行对比提取特征点的可行性。

为了对比 MFPFH 值与每个点的 FPFH 值的差异，通过计算距离来选取特征点。目前最常用的距离有曼哈顿（Manhattan）距离和欧几里得（Euclidean）距离，其公式分别如下：

$$d_{\mathrm{m}} = \sum_{i=1}^{f} |p_i - \mu_i| \tag{4-2}$$

$$d_{\mathrm{e}} = \sqrt{\sum_{i=1}^{f} (p_i - \mu_i)^2} \tag{4-3}$$

其中，d_{m} 和 d_{e} 分别表示曼哈顿距离和欧几里得距离度，p_i 和 μ_i 分别表示第 i 个子区间的 FPFH 值和 MFPFH 值，f 表示直方图中子区间的个数。在 r_n 和 r_h 变化规律与前面一致的条件下，分别计算不同阈值下整个点集的 MFPFH 值，并选取相同的 100 个点分别计算欧几里得距离和曼哈顿距离，结果如图 4-12 和图 4-13 所示。

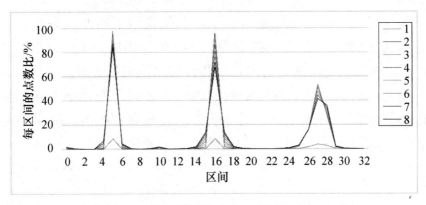

图 4-11　不同法向搜索半径 r_h 下的 MFPFH 值

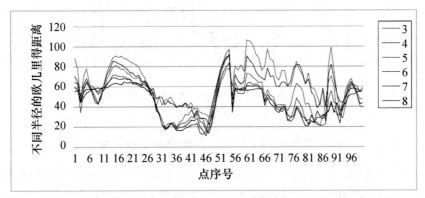

图 4-12　部分点与 MFPFH 的欧几里得距离随 r_n 值的变化规律

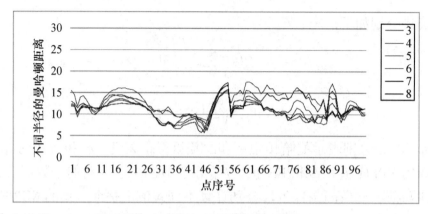

图 4-13　部分点与 MFPFH 的曼哈顿距离随 r_n 值的变化规律

上述两图中，坐标横轴表示点序号，纵轴为距离的值。可以看出，两种距离中，除了 1 倍和 2 倍最近邻距离，其他阈值下的曲线整体形状是相似的。随着 r_n 值的增加，较大可能成为显著点的点距离值下降，这表明显著点和非显著点之间的差异在减小。因此，要容易地选出显著点，r_n 值不宜过大。此外，对比两种距离，我们发现曼哈顿距离点之间的差异小于欧几里得距离点。因此，在提取特征点时，欧几里得距离优于曼哈顿距离。图 4-14 显示了同样 100 个点与 MFPFH 的欧几里得距离随 r_h 值的变化规律。

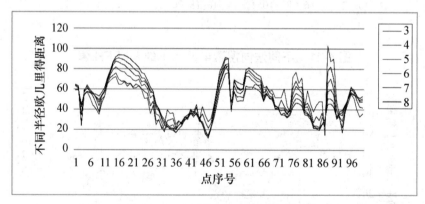

图 4-14　部分点与 MFPFH 的欧几里得距离随 r_h 值的变化规律

与图 4-12 和图 4-13 些许不同的是，图 4-14 中存在两种截然相反的变化趋势。随着 r_h 值的增加，一部分点的欧几里得距离增加，另一部分点反而减少。当一个点的 FPFH 变化范围与 MFPFH 接近时，适用前一个规律；相反，则适用后一个规律（对比图 4-9 和图 4-11 中 2～6 的子区间）。对于 r_n 和 r_h，由于 FPFH 依赖于法向量和 r_h，所以 r_h 的值应该大于 r_n 的值。综合考虑，分别将 r_n 和 r_h 设置为最邻近距离的 4 倍和 5 倍，同时使用欧几里得距离度量来筛选特征点。

特征点的选取原则是，对点集中每个点计算其 FPFH 与 MFPFH 之间的欧几里得距离，同时设定一个阈值 σ_h，当欧几里得距离大于阈值 σ_h 时，认为该点属于特征点，否则认为该点属于非特征点。筛选公式如下：

$$p_i = \begin{cases} \text{True}, d_m > \sigma_h \\ \text{False}, d_m \leqslant \sigma_h \end{cases} \tag{4-4}$$

式中，p_i 表示点集 P 中的一个点，True 和 False 分别表示该点是否为特征点。

图 4-15 显示了选择特征点的原理，折线表示各点的欧几里得距离，如果 σ_h 的阈值取 60，那么图中距离值刻度 60 的横线上方被选取为特征点，下方的点是非特征点。

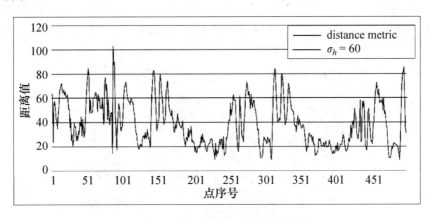

图 4-15　基于阈值 σ_h 选取特征点

参数 σ_h 的大小直接决定了特征点的数量。为了解其变化规律，将 σ_h 值分别设为 50、60、70、80，并以斯坦福大学 Bunny 点集为例分别列出不同阈值下的特征点选取结果，见图 4-16。

在图 4-16 中，深色点表示特征点，灰色点表示非特征点。可以看到，特征点的数量随着 σ_h 的增加而减少。σ_h 值越大，特征点数量越少，但表示的特征更为显著。相反，特征点越多，其分布范围越广，但同时特征的显著性下降。在实际应用中，σ_h 值的选取应根据具体情况，以实现关键特征点数量与差异之间的平衡。考虑 4.3 节中 FIPP 算法在搜索同名点对开始时需要选取均匀分布的点，因此这里 σ_h 值设置为 60 最佳。阈值 σ_h 在其他点集中的最佳设置将在 4.4 节讨论。

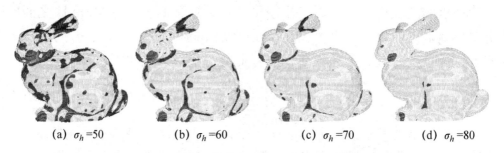

(a) σ_h=50　　　　(b) σ_h=60　　　　(c) σ_h=70　　　　(d) σ_h=80

图 4-16　基于斯坦福大学 Bunny 点集提取的特征点

图 4-17 显示了合成点云的目标点集和配准点集特征点提取的结果，其中深色点为特征点，灰色点为非特征点。可以看出，两个点集的特征点在空间分布上具有极大的相似性，这也为 FIPP 算法搜索同名点对提供了可行性。

(a) 目标点集　　　　　　(b) 配准点集

图 4-17　参数 σ_h 取值为 60 的两个点集特征点提取结果

4.2　基于 FIPP 算法的同名点对搜索

两个点集中的特征点被选取出之后，需要在这些特征点中搜索同名点对。本章采用 FIPP 算法进行搜索。FIPP 算法通过三个约束条件搜索两个点集的点对点对应关系，即点 FPFH 的相似性、同名点对距离相等性以及位置关系的一致性。FPFH 用于构建每个给定点的候选点集，距离可以匹配同名点对，而位置关系能够避免点对出现错误的方向。

首先，FIPP 算法从目标点集 P 中选择 l 个点，这些点均匀分布于整个数据集中，并从选择的 l 个点中随机选取 4 个点。接下来针对选出的 4 个点，分别构建其在 Q 中的候选点集，候选点集选取的原则是，寻找每个点在 Q 中特征描述最为相似的 k 个点，k 为候选点的数量。依次遍历 4 个点的所有候选点，形成 k^4 种组合，并依次计算每种组合的点之间的距离以及位置关系，拥有最小距离误差以及位置关系一致的组合最终被确定为 4 个点在点集 Q 中的对应点。如果所有组合的距离误差均大于给定的阈值或位置关系不一致，则认为 l 中的 4 个点在 Q 中没有完全对应的 4 个点，重新选择新的点对，直到能够确认出初始 4 点对。接下来，在初始 4 点对的基础上依次从 P 中新增 1 个点 P_{i+j}，并从 Q 中该点的候选点中选择最符合距离和位置关系约束的点 q_{i+j}（当然，该点也必须在距离误差阈值范围内），直到参与配准的点对数量符合要求。最后，基于最终的配准点对生成刚体变换矩阵。算法流程见图 4-18。

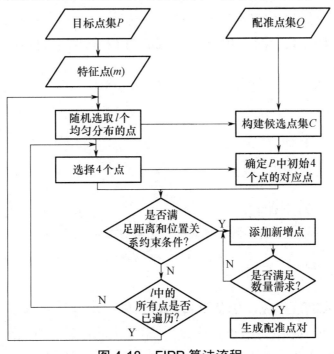

图 4-18　FIPP 算法流程

4.2.1　生成初始随机点

FIPP 算法最为关键的是初始 4 个点的选取。初始 4 个点一定要确保位于两个点集的重合区域，否则两个点集中满足距离约束的点对将不存在，或者点对的对应关系是错误的。为避免发生这种情况，在选取初始 4 个点之前先从目标点集中随机选取 l 个点，这 l 个点必须均匀分布于整个数据集中，而 l 个点的均匀分布是通过设置任意两点间的最小距离来控制的。任意两点间的最小距离满足以下公式：

$$\sqrt{(x_{p_i}-x_{p_j})^2+(y_{p_i}-y_{p_j})^2+(z_{p_i}-z_{p_j})^2}>d \qquad (4\text{-}5)$$

其中，d 为最小距离的阈值。可以看出，选取的 l 个点有可能并不都位于重叠区域，然而，这 l 个点是均匀分布于整个点集中的，因此从中再选取出 4 个都位于重叠区域的点的可能性极大提高。参数 d 的设定主要取决于点集的范围，一般选取点集在三个轴上最长范围的四分之一。l 的设定需慎重，值过大则会增加后续的算法运行时间，而值过小则有可能导致初始 4 个点不在重叠区域内。本章中，l 的值统一取为 12。图 4-19（a）为选取的 12 个初始随机点。

（a）初始随机点　　　　　　　　　　（b）初始 4 个点

图 4-19　初始随机点与初始 4 个点

4.2.2　选取初始 4 点对

一旦初始随机点生成，则从这些随机点中再确定初始 4 个点。初始点数量选择的原则是，确保新增点在满足距离约束的前提下不出现歧义，即满足距离约束的新增点必须是唯一的。图 4-20 列出了初始点数量分别为 1、2、3

和 4 情况下新增点的可能情况。

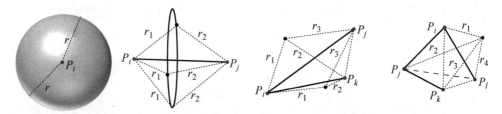

图 4-20　不同数量初始点下新增点的可能情况（初始点数量分别为 1、2、3、4）

当初始点数为 1 时，满足距离约束的新增点为以该点为中心的球体表面上的任一点，同样，当初始点数分别为 2 和 3 时，满足距离约束的新增点可能分别是一个圆和两个点。只有当初始点数为 4 时，新增点只可能为唯一的点。初始 4 个点确定后，新增点的判断只需要满足距离约束即可，因为在空间 4 个点确定的情况下，P 和 Q 中满足距离约束的新增点的位置关系必然一致。

需要说明的是，这个环节选择的 4 个点不一定是最终用于配准的点，也有可能这 4 个点在配准点集中找不到同名点。这种情况下需要从原始的 l 个点中再重新选取新的组合点。因此，从 l 个点到 4 个点的过程是遍历 l 个点中所有可能的 4 点组合，当其中一个组合能够在配准点集中找到满足约束条件的 4 个同名点对时，则遍历停止，初始 4 点对选取完成。图 4-19 中的（b）显示了从 12 个随机点中选取的 4 个初始点。

4.2.3　构建候选点集

当从点集 P 的 l 个点中随机选取了 4 个点，需要从 Q 中搜索出这 4 个初始点的对应点，这也是 FIPP 算法中很关键的部分。为此需要分别对 P 中 4 个点构建候选点集，Q 中的候选点集构建公式如下：

$$C = \left\{ c_i \middle| c_i = \langle p_i, q_{i1}, q_{i2}, q_{i3}, \cdots, q_{ik}, 1 \leqslant i \leqslant 4 \rangle \right\} \qquad (4\text{-}6)$$

式中，c_i 为第 i 个点 p_i 的候选点集，k 为候选点的数量。每个点的候选点是根据 FPFH 值的相似性来选取的，即只选取与该点 FPFH 值最为相似的前 k 个点。候选点集构建完毕后，点对点对应关系的搜索仅考虑候选点集内的点，这种方式将搜索点对的数量限定在 k 以内，极大提高了搜索效率。k 值的设定也遵循适用的原则，值过大则增加算法复杂度，值过小则降低找到同名点对的概率，本章中 k 值统一设定为 30。图 4-21 显示了目标点集 P 中两个不同点在 Q 中的候选点的可能分布。

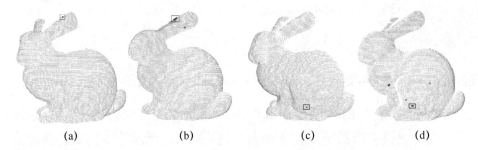

(a)   (b)   (c)   (d)

图 4-21　目标点集中两个不同点在配准点集中的候选点分布示意图。
（a）和（c）分别为目标点集的两个不同点；（b）和（d）为其对应的候选点

4.2.4　同名点对

FIPP 算法是基于特征、距离和位置关系三种约束条件进行同名点对搜索的，其中，特征用于构建候选点集，距离和位置关系则用于在所有的候选点集中寻找最佳同名点组合，或者判断候选点集中是否有同名点。

搜索规则如下：计算 P 中初始 4 个点任意两点的距离，同时遍历 4 个点在 Q 中候选点集所有组合内的两点距离，对比 P 和 Q 中的距离误差，最后拥有最小误差的候选点组合可看作是其在 Q 中的对应 4 点，完成初始 4 个点的搜索。距离误差的计算公式如下：

$$\sqrt{(x_{p_i}-x_{p_j})^2+(y_{p_i}-y_{p_j})^2+(z_{p_i}-z_{p_j})^2}-$$
$$\sqrt{(x_{q_{ir}}-x_{q_{jr}})^2+(y_{q_{ir}}-y_{q_{jr}})^2+(z_{q_{ir}}-z_{q_{jr}})^2}<\sigma_{\mathrm{d}} \tag{4-7}$$

式中，σ_{d} 为距离误差的阈值，只有小于该阈值的点才满足距离约束条件。如果候选点中所有的组合均不满足式（4-7），则认为从 P 中选取的初始 4 个点没有对应点，并从 l 个点中重新选取 4 个点；如果从 l 个点中选取的所有 4 个点在 Q 中都没有候选点，则从 P 中重新选取 l 个点。

另一个约束条件即点之间的相对位置关系，用于确保点与点的方向一致，与式（4-7）共同约束同名点的选取，其公式如下：

$$q_{ir} = \begin{cases} \text{True}, (z_{p_i} > z_{p_j} \bigcap z_{q_{ir}} > z_{q_{jr}}) \bigcup (z_{p_i} < z_{p_j} \bigcap z_{q_{ir}} < z_{q_{jr}}) \\ \text{False}, (z_{p_i} > z_{p_j} \bigcap z_{q_{ir}} < z_{q_{jr}}) \bigcup (z_{p_i} > z_{p_j} \bigcap z_{q_{ir}} < z_{q_{jr}}) \end{cases} \quad (4\text{-}8)$$

通常，3D 激光扫描仪在采集数据时是垂直于地面的，因此所有点 z 值的相对关系在两个点集中是一致的。也就是说，若目标点集 P 中点 p_i 的 z 值大于点 p_j 的，则 Q 中的对应点 q_i 也一定是大于 q_j 的。图 4-22 给出了初始 4 点对的选择结果。

一旦初始 4 点对确定，开始随机选取的 l 个点就自动删除，仅保留这 4 个点对，同时进行新增点对的计算。新增点对按照每次增加一对点的原则依次选取，即目标点集每增加一个点，必须在配准点集中寻找其同名点才能进行下一个新增点的选取。新增点 p_{i+j} 通过式（4-5）的条件选取，新增点 q_{i+j} 则通过式（4-6）和式（4-7）确定而不受式（4-8）的约束，这是因为基于初始 4 个点满足距离约束的新增点是唯一的。当新增点对数达到配准所需的点对数时，FIPP 算法结束，同名点对搜索完成。图 4-23 为基于 FIPP 算法生成的所有配准点对。

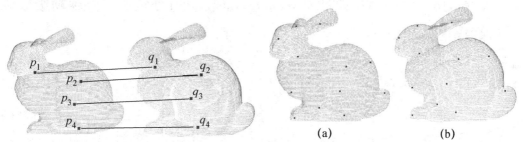

图 4-22　基于 FIPP 算法的初始 4 点对　　图 4-23　基于 FIPP 算法生成的所有配准点对

4.3　刚体变换矩阵求解

明确所有用于配准的点对后，需要计算刚体变换矩阵进而对配准点集进行坐标变换。刚体变换矩阵计算的常用方法是最小二乘（TLS）法，最小二乘理论的内容在 2.3 节已详细阐述过。为提高计算精度，本章采用整体最小二乘法求解变换矩阵。

假定两个点集 P 和 Q，P 为目标数据集（目标点集），Q 为源数据集（配准点集），点云配准的转换公式如下：

$$P = TQ \tag{4-9}$$

式中，T 为刚体变换矩阵。

式（4-9）进行如下变换：

$$\begin{bmatrix} p_X \\ p_Y \\ p_Z \end{bmatrix} - \begin{bmatrix} e_X \\ e_Y \\ e_Z \end{bmatrix} = \mu \boldsymbol{M} \begin{bmatrix} q_x - e_x \\ q_y - e_y \\ q_z - e_z \end{bmatrix} + \begin{bmatrix} X_0 \\ Y_0 \\ Z_0 \end{bmatrix} \tag{4-10}$$

其中，$[p_X \ p_Y \ p_Z]^T$ 和 $[q_X \ q_Y \ q_Z]^T$ 分别为目标点集和配准点集的对应点，$[e_X \ e_Y \ e_Z]^T$ 为 P 的随机误差，$\begin{bmatrix} e_x & e_y & e_z \end{bmatrix}^T$ 为 Q 的随机误差，μ 为变换尺度，$\boldsymbol{M}$ 为旋转矩阵，且

$$\boldsymbol{M} = \boldsymbol{M}_3 \boldsymbol{M}_2 \boldsymbol{M}_1 = \begin{bmatrix} \cos\alpha_3 & \sin\alpha_3 & 0 \\ -\sin\alpha_3 & \cos\alpha_3 & 0 \\ 0 & 0 & 1 \end{bmatrix} \begin{bmatrix} \cos\alpha_2 & 0 & -\sin\alpha_2 \\ 0 & 1 & 0 \\ \sin\alpha_2 & 0 & \cos\alpha_2 \end{bmatrix} \begin{bmatrix} 1 & 0 & 0 \\ 0 & \cos\alpha_1 & \sin\alpha_1 \\ 0 & -\sin\alpha_1 & \cos\alpha_1 \end{bmatrix}$$

α_1，α_2 和 α_3 分别为三个坐标轴上的旋转角度，$[X_0 \ Y_0 \ Z_0]^T$ 为平移参数。

式（4-10）右侧在 $\left((X_0^i, Y_0^i, Z_0^i, \mu^i, a_1^i, a_2^i, a_3^i), (e_x^i, e_y^i, e_z^i) \right)$ 处按照二阶泰勒级数展开，保留一阶项后如下：

$$\begin{aligned} \begin{bmatrix} X \\ Y \\ Z \end{bmatrix} - \begin{bmatrix} e_X \\ e_Y \\ e_Z \end{bmatrix} = & \mu^i \boldsymbol{M}^i \begin{bmatrix} x - e_x^i \\ y - e_y^i \\ z - e_z^i \end{bmatrix} + \begin{bmatrix} X_0^i \\ Y_0^i \\ Z_0^i \end{bmatrix} + \boldsymbol{M}^i \begin{bmatrix} x - e_x^i \\ y - e_y^i \\ z - e_z^i \end{bmatrix} \mathrm{d}\mu + \\ & \mu^i \left(\frac{\partial \boldsymbol{M}}{\partial a_1} \mathrm{d}a_1 + \frac{\partial \boldsymbol{M}}{\partial a_2} \mathrm{d}a_2 + \frac{\partial \boldsymbol{M}}{\partial a_3} \mathrm{d}a_3 \right) \begin{bmatrix} x - e_x^i \\ y - e_y^i \\ z - e_z^i \end{bmatrix} - \mu^i \boldsymbol{M}^i \begin{bmatrix} \mathrm{d}e_x \\ \mathrm{d}e_y \\ \mathrm{d}e_z \end{bmatrix} + \begin{bmatrix} \mathrm{d}X_0 \\ \mathrm{d}Y_0 \\ \mathrm{d}Z_0 \end{bmatrix} \end{aligned} \tag{4-11}$$

令

$$\begin{bmatrix} e_x \\ e_y \\ e_z \end{bmatrix} = \begin{bmatrix} e_x^i \\ e_y^i \\ e_z^i \end{bmatrix} + \begin{bmatrix} \mathrm{d}e_x \\ \mathrm{d}e_y \\ \mathrm{d}e_z \end{bmatrix}$$

$$\boldsymbol{X} = \begin{bmatrix} X_0 & Y_0 & Z_0 & \mu & a_1 & a_2 & a_3 \end{bmatrix}^T$$

则式（4-11）整理后得

$$X_2 - e_2 = (\mu^i M^i X_1 + \Delta X_0^i) + A^i dX - \mu^i M^i e_1 \tag{4-12}$$

其中，

$$X_2 = \begin{bmatrix} X \\ Y \\ Z \end{bmatrix}$$

$$e_2 = \begin{bmatrix} e_X \\ e_Y \\ e_Z \end{bmatrix}$$

$$X_1 = \begin{bmatrix} x \\ y \\ z \end{bmatrix}$$

$$\Delta X_0^i = \begin{bmatrix} X_0^i \\ Y_0^i \\ Z_0^i \end{bmatrix}$$

$$dX = \begin{bmatrix} dX_0 & dY_0 & dZ_0 & d\mu & da_1 & da_2 & da_3 \end{bmatrix}^T$$

$$A^i = \left[I_{3\times3} \quad \left(M^i \quad \mu^i \frac{\partial M}{\partial a_1} \quad \mu^i \frac{\partial M}{\partial a_2} \quad \mu^i \frac{\partial M}{\partial a_3} \right)(X_1 - e_1^i) \right]$$

$$e_1 = \begin{bmatrix} e_x \\ e_y \\ e_z \end{bmatrix}$$

利用式（4-12）构建加权整体最小二乘问题的拉格朗日目标函数：

$$\phi(e_1, e_2, X, K) = e_1^T Q_1^{-1} e_1 + e_2^T Q_2^{-1} e_2 + 2K^T \left(X_2 - e_2 - (\mu^i M^i X_1 + \Delta X_0^i) - A^i dX + \mu^i M^i e_1 \right)$$

$$\tag{4-13}$$

接下来，可以得到多步导出后的第 $i+1$ 次迭代的参数的校正值：

$$d\hat{X}^{i+1} = \left((A^i)^T (Q_c^i)^{-1} A^i \right)^{-1} (A^i)^T (Q_c^i)^{-1} L^i \tag{4-14}$$

则第 $i+1$ 次迭代计算后更新的参数向量为

$$X^{i+1} = X^i + d\hat{X}^{i+1} \tag{4-15}$$

最终获得更新的参数向量，持续代入式（4-14）进行下一次迭代，直到 $\left\| d\hat{X}^{i+1} \right\| < \varepsilon_0 \to 0$。

4.4 基于初始 4 点对的结果分析

为验证 FIPP 算法的结果，选取了室内、室外共 5 种不同类型的点云数据用于实验，分别是合成点云、深度点云、立体像对点云、激光点云以及城市点云。在室内点云中，合成点云用 3D 彩色扫描仪获取，深度点云用 Kinect 相机获取，立体像对点云用立体像对扫描仪获取，激光点云用激光扫描仪获取，室外的城市点云用 LiDAR 扫描仪获取。在上述点云数据集中，点的数量从上万到几百万，最近邻点距离（或称最近邻距离）从 1mm 到 0.5m。

本节主要讨论 FIPP 算法应用于 5 种点集的配准结果、FIPP 算法的效率与精度评估，以及 FIPP 算法与其他配准方法的对比分析。

4.4.1 配准结果

（1）室内点云配准结果

图 4-24 为合成点云的配准结果，红色为目标点集，蓝色为配准点集。从图中可以很清晰地看出，配准后的数据在重叠区域具有很大的吻合度，表明 FIPP 算法在点云配准中的结果是良好的。

图 4-25 至图 4-27 分别为深度点云、立体像对点云、激光点云的配准过程及结果。其中，红色方框点为初始 4 个点，黄色圆点为增加的 8 个配准点。从图中可以看出，所有点云的目标和配准点集中提取的特征点均存在很多的相同点，所有的配准点都均匀分布于整个点集上，配准结果整体良好。

(a) 两个点集的初始位置　　(b) 配准后前视图　　(c) 配准后俯视图

图 4-24　合成点云配准过程及结果

(a) 目标点集　　(b) 配准点集　(c) 两个点集原始位置　(d) 配准后前视图　(e) 配准后侧视图

图 4-25　深度点云配准过程及结果

(a) 目标点集　　(b) 配准点集　(c) 两个点集原始位置　(d) 配准后前视图　(e) 配准后侧视图

图 4-26　立体像对点云配准过程及结果

(a) 目标点集　　(b) 配准点集　(c) 两个点集原始位置　(d) 配准后前视图　(e) 配准后侧视图

图 4-27　激光点云配准过程及结果

（2）城市点云配准结果

城市点云数据选取的是德国维尔茨堡大学校园内的真实点云数据，其数据涵盖道路、树木、建筑物等地物，与城市点云的要素类型一致，图 4-28 为城市点云原始数据。

图 4-29 为城市点云提取的特征点。其中，红色点为特征点，灰色点为原始点。在图 4-29 中，（a）为目标点集叠加特征点的局部图，（b）和（c）为两个点集相同位置特征点的对比。可以看出，在城市点云中，基于本章方法提取的特征点主要位于树木、建筑物角点及棱角线上，且特征点的分布在整个点集中大体较为分散和均匀，这为后期基于 FIPP 算法提取同名点对提供了可行性。

(a) 目标点集　　　　　　　　　　　　(b) 配准点集

图 4-28　城市点云原始数据

(a) 局部图　　　　　　(b) 目标点集　　　　　　(c) 配准点集

图 4-29　城市点云特征点提取结果

图 4-30 为基于 FIPP 算法提取出的配准点对。其中，红色方框点为初始 4 点对，蓝色方框点为 FIPP 算法中在初始 4 点对的基础上提取出的其余配准点。用

于配准的点对数为 12，远远满足整体最小二乘法计算刚体变换矩阵的数量。

　　图 4-31 为配准结果的前后对比，其中的（b）为最终配准的结果，（c）和（d）分别为配准后的局部视图。从图中可以看出配准后的两个点集吻合度很高，表明配准结果具有很高的精度。

　　上述结果表明，FIPP 算法能够完全满足城市点云数据的配准，且配准结果具有较高的精度。

(a) 目标点集　　　　　　　　　　　(b) 配准点集

图 4-30　城市点云配准点对

(a) 原始位置　　　　　　　　　　　(b) 配准后位置

(c) 配准后局部视图一　　　　　　　(d) 配准后局部视图二

图 4-31　城市点云配准结果前后对比

（3）数据集对比分析

表 4-1 显示了 5 种数据集的关键参数对比。从数据集的点数上来说，城市点云的数据量最大，超过 100 万，深度点云最小，只有约 1 万，其他类型点云数据量处在两者中间。5 种数据集中的最近邻域点间距（或称最近邻距离）为 0.001～0.5m。阈值 r_n 和 r_h 分别是最近邻域点间距的 4 倍和 5 倍。合成点云、深度点云和立体像对点云的阈值 σ_h 均为 60，激光点云和城市点云则分别为 80 和 100。σ_h 的差别是由原始点和特征点的数量以及数据集的质量引起的。虽然激光点云的数量远小于城市点云的数量，且比其他三种数据集要多一些，但其质量是最好的，所以激光点云的参数 σ_h 被设置为 80。由于城市点云的数据量很大，因此其参数 σ_h 设置为 100，目的是减少参与运算的特征点数。阈值 d 用于尽可能均匀分配配准点，因此其值取决于数据集的大小。深度点云和激光点云的参数 σ_d 都是最近邻距离的 1 倍，立体像对点云和城市点云的则分别为 2.5 倍和 1.5 倍，因为来自立体像对和激光点云的数据集的质量比其他的低，σ_d 值设置过大可能会导致算法超时。运行时间受源数据集数量、特征点数量以及数据质量的影响，详细讨论见 4.5.2 节。

表 4-1 基于 FIPP 算法的 5 种点云关键参数对比

	合成点云	深度点云	立体像对点云	激光点云	城市点云
配准点云点数	40256	13609	45205	69007	1374694
目标点云点数	40097	14083	53949	68681	1903510
最近邻距离（m）	0.001	0.002	0.1	0.5	0.1
r_n	0.004	0.008	0.4	2	0.4
r_h	0.005	0.01	0.5	2.5	0.5
σ_h	60	60	60	80	100
目标点云特征点数 m	6296	2124	4111	2657	40995
配准点云特征点数 n	7077	1799	4681	2626	29846
d (m)	0.03	0.03	1.5	20	40
σ_d (m)	0.001	0.002	0.25	0.5	0.15
l	12	12	12	12	12
特征点提取时间	53s	9s	33s	31s	10.1min
FIPP 算法时间	10s	3s	30s	4s	26.6min

4.4.2　效率和精度评估

为对 FIPP 算法的效率和精度进行评估，分别在 5 种点云数据集中连续运行 10 次 FIPP 算法，得到各次的运行时间和相对标准差，分别见图 4-32 和图 4-33。

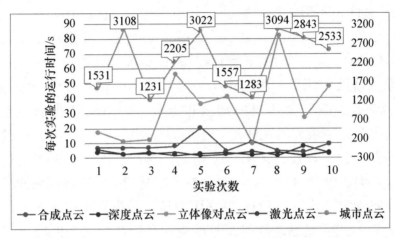

图 4-32　FIPP 算法在 5 种点云中的运行时间

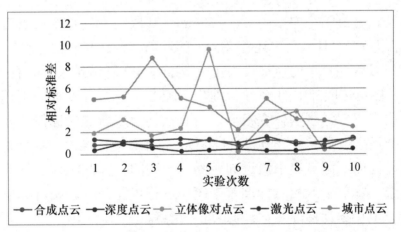

图 4-33　FIPP 算法在 5 种点云中的相对标准差

实验过程由两部分组成：一是基于 FPFH 描述子提取点云中的特征点；二是执行 FIPP 算法进行点云配准。提取特征点环节的运行时间非常稳定，分别为合成点云 53s、深度点云 9s、立体像对点云 33s、激光点云 31s 以及城市点云 10.1min。而在运行 FIPP 算法环节，不同数据集每次的运行时间差异大小不一。这是因为 FIPP 在搜索同名点对时需要随机生成点，而生成的随机点不一定每次都有正确的初始 4 个点。

图 4-32 给出的是 FIPP 算法的运行时间。深度点云和激光点云的运行时间在 1～5s 之间，不但时间最短，而且非常稳定。深度点云结果很好的原因是点云中的点数最少，而激光点云结果好的原因是其数据质量最高，因此参数 σ_h 也设置得很大。这两种原因导致其特征点数比其他点云少很多，因而在点对点关系的搜索中花费的时间更少。需要说明的是，如果一味追求更少的特征点而忽略点云数据集本身的质量和点数，则时间花费不一定呈线性相关。欧几里得距离值最大的往往是一些离群点或噪声点，提高 σ_h 的阈值往往会使一些特征点丢失，反而影响后期同名点对的搜索。合成点云的时间略长于前两个，其大部分在 4～10s 内，只有一次是 20s。立体像对点云的时间更长，且非常不稳定，为 9～82s。这是因为该点云中有很多区域存在不连续性以及存在大量的离群点等，使得源数据集和目标数据集中的很多邻点存在差异或不完整性，进而导致点到点的对应不准确，增加了搜索时间。城市点云的时间最长，且最不稳定，为 20～50min，其原因不仅是城市点云中点数最多（超过百万），而且点云中还存在大量的遮挡、杂乱和异常点现象。

在 FIPP 运行中，l 的值被设为 12，因此 FIPP 环节结束后共有 12 个点对被选取出。随机选取其中的 8 个点对用于配准，剩下的 4 个点对用于计算配准误差。配准点集经过刚体变换后，所有点转换成新的坐标值，因此计算变换后的配准点集中剩下 4 个点与目标点集同名点的标准差。标准差计算的是距离的误差，而不同点集中最近邻距离是不同的，因此，为了统一不同点集的误差度量，本节引入相对标准差来统一进行误差评价。相对标准差的公式为 $\sigma_s = \sigma / s$，其中 σ 为标准差，s 为最近邻距离。

从图 4-33 中可以看出，合成点云、深度点云以及激光点云的配准精度较高，一方面其相对标准差非常小，均小于 2 倍最近邻距离，另一方面，10 次的结果均较为稳定。立体像对点云和城市点云不但像对误差较大（最大 10 倍间距），而且精度的稳定性也较差。从表 4-1 中可以看出前三种点云的参数 σ_d 均设为 1 倍最近邻距离，而城市点云和立体像对点云则分别为 1.5 和 2.5。理论上来说，σ_d 值越小误差越小，但精度与效率是相互对立的，过于追求精度则会牺牲效率，反之亦然。如果 σ_d 小于 1 倍最近邻距离，则有可能无法成功搜索到初始 4 个点以及其他配准点。

4.4.3　与其他配准方法的对比分析

从严格意义上说，FIPP 算法属于全局配准方法。目前，全局配准的主要方法有随机采样一致性（RANSAC）、随机采样（RANSAM）、贪婪初始对准（GIA）、4 点共面（4PCS）以及进化计算（EC）等。表 4-2 列出了 FIPP 算法与其他算法的计算复杂度对比。

表 4-2　不同配准方法计算复杂度对比

	计算复杂度	特征描述子
RANSAC	$O(n^3)$	N
RANSAM	$O(n^2)$	N
GIA	$O(kn + C^{2 \cdot \ln_2{}^m})$	Y
4PCS	$O(n^2)$	N
EC	$O(n^k)$	N
FIPP	$O(kn + k' \, C^4)$	Y

RANSAC 法通过遍历两个点集中的所有点，从中找出具有最佳刚体变换矩阵的 3 个点对，其计算复杂度为 $O(n^3)$，只适用于数据集中点数较少的情况。RANSAM 法在 RANSAC 法的基础上将遍历点的数目减少为 2，刚体变换矩阵由两点及其法向量来确定，其计算复杂度为 $O(n^2)$。GIA 法使用积分不变量（IID）描述子来提取特征点，并使用分支定界算法寻找同名点对，其计算复杂度为 $O(kn + C^{2 \cdot \ln_2{}^m})$，其中 k 是邻域点的数量，C 和 m 是候选点和特征点的数量。尽管 4PCS 法需要找到 4 个点，但 4 个点中的 3 个彼此接近，所以计算复杂度为 $O(n^2)$。EC 法是一种基于进化过程计算模型的搜索策略，计算复杂度 $O(n^k)$ 取决于进化的数量，其中 k 通常大于 2。FIPP 法的复杂度是 $O(kn + k'C^4)$，其中 k 是邻域点的数量，C 是候选点的数量，k' 是找到 4 个初始点对的数量。因为 C 远小于 n，所以 GIA 法和 FIPP 法的复杂度最低。RANSAM 法和 4PCS 法复杂度较高，RANSAC 法和 EC 法复杂度最高。随着

点数的增加，GIA 法和 FIPP 法的效率优势也越来越小。

上述所有方法都被证明具有很好的精确性，但没有适当的实验来统一比较它们的精度。GIA 法在点数为 68000 的点集中取得了较好结果，但在室外使用大数据集点云时，误差显著增加。RANSAM 法在处理 60000 点时取得了较高的精度，但在具有噪声点的数据集中没有得到证明，因为法向量在噪声数据集中变得敏感。Díez 等（2015）用大数据集点云对 4PCS 和 RANSAC 两种方法进行了对比，结果表明，4PCS 法比任何其他基于 RANSAC 的方法都更精确。Santamaría 等（2011）证明 EC 法的配准精度优于 ICP 算法，但其计算时间非常长。FIPP 法用 5 种类型的点云数据进行验证，取得了较好的结果，其在合成点云、深度点云和激光点云中的相对标准差为点集中 2 倍最近邻距离以内，而立体像对点云和城市点云则为 10 倍以内。

从以上讨论可以看出，基于 FPFH 的 FIPP 算法可以得到更好的结果，计算复杂度低、精度高。当算法应用于室外大数据集点云时，其计算时间可能较长，这是因为大数据集的点数过多而描述子的差异性相对降低，所以其特征点的数量必须设置得较大。为了提高 FIPP 算法应用于大型数据集的效率，可以考虑两种方法：一种方法是在使用描述子之前使用更好的描述子，如 RoPS 等，这些描述子具有更好的独特性，可以提取更准确的特征点，但同时 RoPS 维度过大，其计算描述子的时间相对 FPFH 更长；另一种方法是使用多维系数而不是欧几里得距离来选择特征点和候选点。

第 5 章　特征描述优化的颜色信息点云快速配准

点云数据配准的关键过程包括特征描述、同名点对搜索等。在第 4 章中，采用 FPFH 描述点特征，同时基于 FIPP 算法进行同名点对搜索。FPFH 在现有的点特征描述子中效率很高，然而，其 $O(kn)$ 的计算复杂度加上 33 维的向量描述，使得室外大数据集中的应用仍然较为费时。有没有更好的办法描述点特征，使得其计算复杂度低于 $O(kn)$ 甚至降低至 $O(n)$？这一点对提高点云配准效率具有重要意义。RGB 值是点云数据的颜色信息，其可以和三维坐标值一样从三维激光扫描设备中直接获取。此外，RGB 值不需要通过任何运算就可以直接读取，且理论上两配准点集的同名点对的颜色应相同或相近，因此，用 RGB 值代替传统的点特征描述子，可以极大提高配准效率。

目前，有学者将颜色信息（RGB 值）用于点云配准研究中。Johnson 等（1997）、Druon 等（2007）和 Yamashita（2007）将点的颜色信息用于 ICP 算法以加快收敛，但 RGB 值仅作为辅助条件；Yamashita 等（2007）利用颜色值解决水下图像的配准问题，但图像是二维的。

本章提出一种基于颜色信息的点云快速配准方法，该方法将 RGB 值作为特征描述子。首先，统计两个点集中每种颜色的点数，过滤掉那些拥有点数较少的颜色；然后通过对配准点集设置颜色容差以构建目标点集的颜色候选点集；再将 FIPP 算法进行改进，用于同名点对搜索以实现全局配准；最后利用 ICP 算法进行局部配准。我们将该方法简称为 RGB-FIPP。

5.1　基于颜色信息的候选点集

　　FIPP 算法使用点特征描述子作为特征约束条件，其已在合成点云、深度点云、立体像对点云、激光点云以及室外大数据激光点云等 5 种不同类型数据点云配准中得到有效验证。实验结果表明，该算法在多种数据中均取得了较高的配准精度。然而，点特征描述子（如 FPFH 等）需要依据数据集中所有点的邻域点信息计算并生成多维甚至高维直方图，其计算复杂度最好情况仅为 $O(kn)$，有些甚至为 $O(k^2n)$，其中，k 为邻域点数量，n 为数据集点的数量。实际上，描述子的计算结果不是一个单一值而是多维或高维的直方图，因此描述子的计算时间更长。为提高点云配准效率，即减少点云配准过程中的计算时间，一个有效的途径是降低点特征描述子的计算复杂度。本章考虑将点的 RGB 值作为特征描述子，而 RGB 值不依赖于点的邻域信息，因此计算时间极大缩短。

5.1.1　具有相同颜色的点信息统计

　　颜色信息（RGB 值）是 3D 点中最直接、最简单的特征，其在点云数据集中仅以一个数值的形式表示。理论上，不同数据集中的同名点应具有相同或相似的颜色，因此仅寻找两个点集中颜色相近的点就可以有效缩小点的搜索范围。也就是说，这可以将关注点从数据集的所有点转移到不同类型的颜色信息，类似于特征点的提取。

　　如果用于配准的两个点集的所有点均包含 RGB 值，那么每个点集一定存在一些颜色相同的点，同时，由于存在重叠区域，两个点集的同名点的颜色也一定相同。以第 4 章图 4-26（a）和图 4-26（b）的数据集为例，这两个点集的点数分别为 45205 和 53949。统计两个点集的 RGB 值的数量，并将所有的点按颜色归类，图 5-1 和图 5-2 分别表示目标点集和配准点集中相同颜色点的数量情况。

　　从图 5-1 和图 5-2 中可以看出，两个点集分别约有 20000 种 RGB 值，拥有相同 RGB 值的点的数量则从 1 至 100 不等。与数据集的原始点数相比，RGB 值的数量减少了超过一半，然而其数量仍然较多。为此，需要考虑相同颜色点的数量分布情况。表 5-1 为两个点集中相同颜色点的数量分布情况。

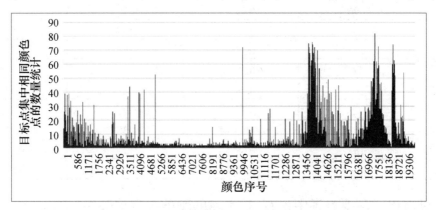

图 5-1　目标点集中相同颜色点的统计结果

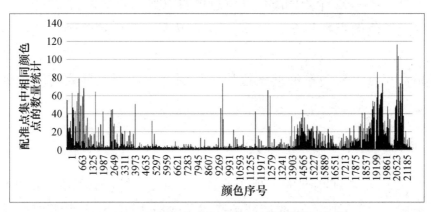

图 5-2　配准点集中相同颜色点的统计结果

表 5-1　两个点集中相同颜色点的数量分布

具有相同颜色的点数	目标点集中相同数量点的颜色种类	目标点集中相同数量点的颜色比例	配准点集中相同数量点的颜色种类	配准点集中相同数量点的颜色比例
1	15772	79.34%	17100	78.38%
2	1946	9.79%	2268	10.40%
3	621	3.12%	751	3.44%
4	290	1.46%	395	1.81%

具有相同颜色的点数	目标点集中相同数量点的颜色种类	目标点集中相同数量点的颜色比例	配准点集中相同数量点的颜色种类	配准点集中相同数量点的颜色比例
5	196	0.99%	215	0.99%
6	146	0.73%	149	0.68%
7	115	0.58%	106	0.49%
8	76	0.38%	102	0.47%
9	57	0.29%	75	0.34%
10	68	0.34%	74	0.34%
$10<n\leqslant20$	317	1.59%	338	1.55%
$20<n\leqslant30$	137	0.69%	117	0.54%
$n>30$	139	0.70%	128	0.57%

可以看出，两个点集中仅有 1 个点的颜色占整体颜色的约 80%（分别为79.34%和78.38%），2 个点的颜色约占总体的 10%（分别为 9.79%和10.40%）。同时，相同颜色的点数越多，其颜色数量越少。考虑到两个点集是两次采集的，其同名点在颜色上可能存在一定的误差，而如果相同颜色的点数过少，那么其在点和点对应关系的搜索过程中作用不大，因此需要对颜色进行适当的滤波处理。

5.1.2 颜色滤波

FIPP 算法将特征相似的点作为候选点，并通过遍历候选点来搜索点和点的对应关系。在本章中，点的特征由描述子变成 RGB 值。为提高候选点中存在同名点的概率，通过设定一个数量阈值将数量较少的 RGB 值删除。公式如下：

$$\text{RGB}_i = \begin{cases} \text{True}, & N_{\text{RGB}_i} > \sigma_n \\ \text{False}, & N_{\text{RGB}_i} \leqslant \sigma_n \end{cases} \qquad (5\text{-}1)$$

式中，RGB_i 为第 i 个 RGB 值，N_{RGB_i} 为一个点集中颜色为 RGB_i 的点的数量，σ_n 为颜色滤波的阈值。如果 N_{RGB_i} 大于 σ_n，则该颜色以及拥有该颜色的点均保

留，反之则删除。颜色滤波的目的是减少点对应关系搜索时要考虑的点的数量，这样可以提高搜索效率。图 5-3 和图 5-4 为目标点集和配准点集滤波后的颜色信息统计。

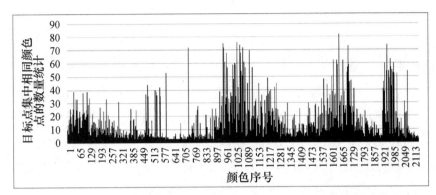

图 5-3　目标点集中滤波后具有相同颜色点的统计结果

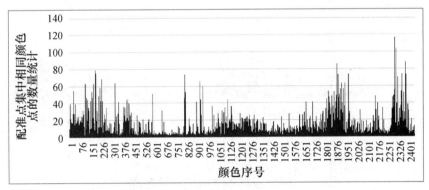

图 5-4　配准点集中滤波后具有相同颜色点的统计结果

从图中可以看出，经过滤波后，两个点集中的颜色种类分别降至 2113 和 2401，均约等于滤波前的 11%。颜色滤波不但减少了搜索数，而且滤波后的每种颜色拥有的点数均为多数点，这一点也提高了搜索效率。

5.1.3　两个点集中具有相同颜色的点

基于滤波后的点云数据，两个点集中具有相同颜色的点可暂时认为具有潜在的对应关系，其计算公式如下：

$$\begin{cases} p_i = \text{True} \bigcap q_j = \text{True}, & \text{RGB}_{p_i} = \text{RGB}_{q_j} \\ p_i = \text{False}, & \text{RGB}_{p_i} \neq \left\{ \text{RGB}_q \mid q = 1, 2, \cdots, m \right\} \\ q_j = \text{False}, & \text{RGB}_{q_j} \neq \left\{ \text{RGB}_p \mid p = 1, 2, \cdots, n \right\} \end{cases} \tag{5-2}$$

式中，p_i 和 q_j 分别为目标点集中的第 i 个点和配准点集中的第 j 个点，RGB_{p_i} 和 RGB_{q_j} 分别为 p_i 和 q_j 的 RGB 值，RGB_p 和 RGB_q 分别为两个点集中第 p 个和第 q 个颜色，m 和 n 分别为两个点集中颜色的数量。只有当 p_i 和 q_j 的 RGB 值相等时才认为这两个点具有对应关系，均标注为 True 且保留点和颜色，否则无对应关系。如果某点的 RGB 值与另一个数据集中所有点的 RGB 值均不相同，则删除该点。图 5-5 显示了两个点集中具有相同颜色（RGB 值）点的对应关系，其中，蓝色为目标数据集，红色为源数据集。

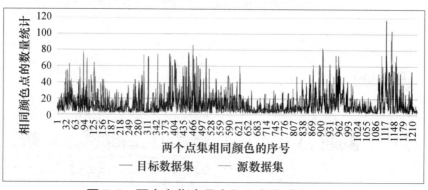

图 5-5　两个点集中具有相同颜色点的对比

从颜色数的角度来看，两幅图中具有对应关系的颜色点的数量降至 1210，约为原来的一半，其余的颜色则相互不同。从具有相同颜色的点的数量来看，两个点集中相同颜色的点的数量具有较大差异。有些颜色，目标点集中的点远远多于配准点集，而另一些颜色则相反。造成这种现象的原因是，两个点集分两次采集，环境、成像过程等造成了颜色上有些许误差。

5.1.4　具有 RGB 颜色容差的候选点集构建

从 5.1.3 节可以看出，具有相同颜色的点在两个点集中的数量差异非常大，而本章基于 RGB 点云配准的重要前提是，默认两个点集中 RGB 值相同的点具有潜在的对应关系。然而，点对点对应关系在 FIPP 算法中非常重要，如果两个点集中相同颜色的点的数量存在较大差异，则可能导致错误的搜索结果，或者对应关系搜索不到。同时，两个点集中的点对点对应关系搜索原则是，将源数据集与目标数据集中颜色相同的点作为候选点集，因此，如果候选点数量过少，点对点对应关系的搜索将变得较为困难。解决方法是对配准点集设置一定的颜色容差，同时保持目标点集不变，这样可以增加每种颜色候选点的数量，进而提高点对点对应关系的可能性。颜色容差的设定如下：

$$\mathrm{RGB}_{q_i}\begin{cases} \in \mathrm{RGB}_j, \left|\mathrm{RGB}_{q_i} - \mathrm{RGB}_j\right| <= \sigma_\mathrm{c} \\ \notin \mathrm{RGB}_j, \left|\mathrm{RGB}_{q_i} - \mathrm{RGB}_j\right| > \sigma_\mathrm{c} \end{cases} \quad (5\text{-}3)$$

$$\mathrm{RGB}_{q_i}\begin{cases} \in \mathrm{RGB}_j, \left|R_{q_i} - R_j\right| <= \sigma \cap \left|G_{q_i} - G_j\right| <= \sigma \cap \left|B_{q_i} - B_j\right| <= \sigma_\mathrm{c} \\ \notin \mathrm{RGB}_j, \left|R_{q_i} - R_j\right| > \sigma \cup \left|G_{q_i} - G_j\right| > \sigma \cup \left|B_{q_i} - B_j\right| > \sigma_\mathrm{c} \end{cases} \quad (5\text{-}4)$$

式（5-3）和式（5-4）分别应用于 RGB 值以浮点数和 RGB 整数的存储方式。其中，σ_c 为颜色容差阈值，R_{q_i}、G_{q_i} 和 B_{q_i} 分别为点 q_i 的 R、G 和 B 的整数值。当 RGB 数值类型为浮点型时，如果源数据集中点 q_i 的 RGB 值 RGB_{q_i} 与目标数据集中的第 j 个颜色的误差小于阈值 σ_c，则认为该点的颜色与目标点集的第 j 个颜色相同，该点归为这种颜色的候选点集，反之则不属于候选点集。同样，如果 RGB 数值类型为整型，则分别判断该点在 R、G、B 三个颜色通道上是否小于阈值 σ_c，只有三个颜色通道的误差均小于 σ_c，该点才被归为候选点集。图 5-6 显示了设置颜色容差后两个点集中具有相同颜色的点的数量对比。

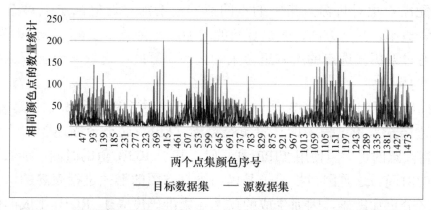

图 5-6　设置颜色容差后两个点集中具有相同颜色的点的数量对比

在图 5-6 中，两个点集具有相同颜色的点的数量稍多于图 5-5，原因是目标点集中的部分点在设置颜色容差前与配准点集没有相同的颜色，设置容差后又建立了相同颜色的对应关系。此外，设定容差后目标点集每种颜色的点的数量不变，而在配准点集中则增加较多。这也使得从配准点集中搜寻出点对点对应关系的可能性得到较大提高。为了将 RGB 值应用于 FIPP 算法进行点对点对应关系的搜索，以便完成最终的点云配准，对目标点及其候选点集的构建进行如下改进：

$$\begin{cases} C_p = \left\{ c_{p_i} \middle| c_{p_i} = \langle \text{RGB}_i, p_{i1}, p_{i2}, p_{i3}, \cdots, p_{ik}, 1 \leqslant k \leqslant m \rangle \right\} \\ C_q = \left\{ c_{q_i} \middle| c_{q_i} = \langle \text{RGB}_i, q_{i1}, q_{i2}, q_{i3}, \cdots, q_{il}, 1 \leqslant l \leqslant n \rangle \right\} \end{cases} \tag{5-5}$$

式中，C_p 和 C_q 分别为目标点集和配准点集中所有具有相同颜色的点集合，c_{p_i} 和 c_{q_i} 分别为两个点集中第 i 个颜色的点的集合，p_{ik} 和 q_{il} 分别为两个点集中该颜色的第 k 个和第 l 个点，m 和 n 表示两个点集中第 i 个颜色的点集的数量。传统的候选点集仅针对目标点集中的一个点，而将 RGB 值作为点特征进行对应关系搜索，则出现同一个颜色在两个点集中分别由两个候选点集组成的情况，不过在使用 FIPP 算法进行对应关系搜索时，目标点集中还是仅从单个点考虑，配准点集则是与该点颜色相同的候选点集。

图 5-7 显示了颜色容差设置前后候选点的不同结果对比。可以看出，没有颜色容差设置情况下两个点集的点数较少，而设置颜色容差后配准点集中该颜色的点数得到较大增加。此外，通过观察可以发现，颜色容差的设置使得配准点集对目标点集中的点的兼容性增加，这提高了点对点对应关系的搜索概率。另一方面，候选点数的增加可能会增加搜索时间，因为 FIPP 算法是通过遍历候选点的所有组合来搜索的，因此，选取一个合理的颜色容差至关重要。

与描述子不同，将 RGB 值作为点特征不需要考虑点的邻域关系，因此，其在构建候选点集过程中的计算复杂度为 $O(n)$，远小于描述子的计算复杂度。值得注意的是，当使用 FIPP 搜索时，基于 RGB 值的时间可能长于基于描述子的时间。这是因为描述子是以高维直方图的形式进行表述的，其对点之间的区分更加敏感，因而生成的候选点集准确度高于 RGB 生成的候选点集。然而，构建候选点集的低复杂度可有效弥补这方面的缺陷。

(a) 目标点集中具有某一　　　　(b) 配准点集中该颜色　　　　(c) 配准点集中该颜色
　　相同颜色的点　　　　　　　　的候选点（无容差）　　　　　的候选点（有容差）

图 5-7　颜色容差设置前后候选点选取的不同结果对比

5.2　RGB 点云配准

当候选点集确定后，可以利用 FIPP 算法进行两个点集之间同名点的搜索。一旦确定点对点对应关系，则能够利用对应关系求出全局配准的刚体变换矩阵，再通过局部配准操作完成最终的点云配准。本章中，为实现基于 RGB 值的对应关系搜索，对 FIPP 算法进行了部分改进，全局配准的刚体变换矩阵求解基于整体最小二乘法，局部配准则利用 ICP 算法完成。

5.2.1　基于改进 FIPP 算法的同名点搜索

在第 4 章中，当 FIPP 算法用于点云配准时，候选点集是基于 FPFH 的相似性而生成的。FPFH 是一个高维的特征描述子，因此，基于 FPFH 可以区分点云数据集中不同点之间的细微区别。然而，RGB 值仅用一个区分度很低的数值表示，因此基于 RGB 值的全局配准精度低于 FPFH。在 FIPP 中，首先选择目标点集的初始 4 个点，再搜索配准点集中对应的 4 个点，在此基础上进行新增点的添加，直到点对的数量满足配准要求。添加新增的点的目的是提高配准精度。当 RGB 值用于 FIPP 算法时，新增的点对不能给配准精度带来更多贡献，因为初始 4 个点本身的误差比基于 FPFH 的结果的误差大。

另一方面，每确定一个新增的点对，需要对三个约束条件进行判断，总体计算复杂度为 $O(kn_1n_c)$，其中，k 为成功搜索一个新增点的时间，n_1 为新增点的数量，n_c 为候选点的数量。当 FPFH 用于 FIPP 时，k 较小，因为 FPFH 的高维特性使得候选点中包含有同名点的概率较高，因此搜索新增点的时间较短。然而，当 RGB 值用于 FIPP 时，其区分度很低，为了保证候选点集包含同名点的概率，k 值可能远高于 FPFH，这也会导致搜索时间增加。

由此，一方面新增点并不能有效提高全局配准的精度，另一方面会增加对应关系搜索的时间。在全局配准中，运行时间和效率是首要考虑因素，在本章基于 RGB 值的全局配准中，FIPP 算法中的新增点对环节不是必需的，故在本章中为了提高配准效率，FIPP 算法简化为仅搜索初始 4 个点。

5.2.2　基于 ICP 算法的局部配准

经过全局配准后，两个点集大致对准到一起。为了使其精确对准，还需要进行最后的局部配准。本章中，局部配准使用 ICP 算法，ICP 算法通过不断迭代将两个点集逐渐精确对准，具体的算法步骤见 2.3.3 节。

尽管 ICP 算法存在局部最小值、计算复杂度高等缺点，但在全局配准后再执行该算法，可以在消除上述缺点的同时获得很高的点云配准精度。

5.3　基于颜色信息特征的配准结果分析

为验证该配准方法的效果，本章使用两种类型的点云数据——立体像对点云数据集和深度点云数据集——进行实验，其分别由立体像对和 Kinect 深度相机获取。本节给出点云配准的过程包括初始 4 点对的选取结果，基于 FIPP 算法针对 RGB 值的全局配准结果，以及基于 ICP 算法的局部配准结果。同时讨论了相关参数对结果的影响，对比分析了基于颜色信息和基于 FPFH 的运行效率。

5.3.1　配准过程

本节使用立体像对数据集和深度点云数据集两种数据进行该方法的验证，两种数据均从 SHOT 网站下载。

（1）立体像对数据集

立体像对 RGB 点云数据两个点集的点数分别为 45205 和 53949，RGB 颜色分别有 20485 和 21306 种。通过设定 σ_n 为 10 并进行颜色滤波，剩下的颜色种类数分别为 593 和 583。经过颜色容差设定，点集 P 中的 593 种颜色均有候选点集，其候选点数量从 13 至 119 不等。

利用 FIPP 算法对这些颜色及其包含的点执行点对点对应关系的搜索，图 5-8 显示了搜索出的初始 4 点对，在图中用红色的点表示，而其他颜色则为两个点集的原始 RGB 值。

(a) 目标点集　　　　(b) 配准点集

图 5-8　立体像对数据集初始 4 点对

图 5-9 展示了利用初始 4 点对进行全局配准前后的对比。其中，（a）和（b）为配准点集和目标点集在全局配准前的初始相对位置，（c）为全局配准后的相对位置。可以看出，经过全局配准后，两个点集已大致对准，但还存在局部的误差。这表明，将 RGB 值作为特征描述子并利用 FIPP 算法搜索对应点的全局配准方法精度不高，这是因为点云中颜色的种类数相对于整个数据集中点的数量来说很少，同时立体像对点云数据中包含大量的空洞、遮挡和离群值。不过，这种缺陷可以通过后续的局部配准加以弥补。

(a) 配准点集初始相对位置　　(b) 目标点集初始相对位置　　(c) 全局配准后的相对位置

图 5-9　立体像对数据集全局配准前后的对比

图 5-10 显示了基于 ICP 算法的局部配准结果。其中，（a）为局部配准后两个点集的正视图，（b）为侧视图。可以看出，经过局部配准，两个点集非常精确地对准到了一起。

(a) 正视图　　　　(b) 侧视图

图 5-10　基于 ICP 算法的局部配准结果

（2）深度点云数据集

为了验证该方法的健壮性，对深度点云数据进行结果验证。深度点云数据两个点集中点的数量分别为 13609 和 14803，其颜色种类数分别为 10022 和 10483。设定颜色滤波阈值 σ_n 为 4，滤波后的颜色种类数分别为 99 和 81，其每种颜色的候选点数量从 6 至 29 不等。相对于立体像对点云数据，深度点云数据的初始颜色种类数、滤波后的颜色种类数均较少，这是因为，深度点云数据的点数少于立体像对点云数据的点数。此外，深度点云数据的颜色区分度大于立体像对点云数据的颜色区分度，这也导致深度点云中相同颜色的点数较少。

深度点云数据集初始 4 点对的搜索结果见图 5-11。其中，黑色方框里的红色点即为初始点对，其他颜色为深度点云的原始 RGB 值。图 5-12 为全局配准前后两个点集的位置关系；而图 5-13 则为局部配准后的位置关系。

(a) 目标点集　　　　　(b) 配准点集

图 5-11　深度点云数据集初始 4 点对搜索结果

(a) 两个点集初始相对位置　(b) 全局配准后正视图　(c) 全局配准后侧视图　(d) 全局配准后俯视图

图 5-12　深度点云数据集全局配准点集位置关系

(a) 正视图　　　　(b) 侧视图　　　　(c) 俯视图

图 5-13　深度点云数据集局部配准后的位置关系

可以看出，局部配准精度高于全局配准。这一点与立体像对数据集的实验结果相同，差别是深度点云数据的全局配准精度稍微高于立体像对数据集的全局配准精度，原因是深度点云数据集中颜色的区分度高于立体像对数据集，而颜色区分度对结果的影响较大。可以说，颜色的区分度越大，全局配准的精度越高，这里颜色区分度是指点云数据中颜色的种类数与点数的比。

5.3.2　参数影响

当 RGB 值用于全局配准时，有两个重要的参数会对配准结果产生影响：颜色滤波阈值 σ_n 和颜色容差阈值 σ_c。为探明这两个参数对实验结果的具体作用，我们针对 σ_n 和 σ_c 分别做了两组实验。在第一组实验中，保持 σ_c 值不变的同时以固定的间隔均匀设定 σ_n；在另一组实验中，σ_n 分别被设定为 3 个固定值且 σ_c 规则地按从小到大的顺序被设定。σ_n 和 σ_c 的每次不同的数值组合都连续运行10 次，且每次的运行时间均被记录。

（1）颜色滤波参数

实验中，立体像对数据集的 σ_n 以间隔 2 均匀地从 8 设置到 20，深度点云数据集的 σ_n 则以间隔 1 均匀地从 1 设置到 4，两种数据集的 σ_c 均保持不变。图 5-14 和图 5-15 分别为立体像对数据集和深度点云数据集的实验结果。

从图 5-14 和图 5-15 可以很明显地看出，当 σ_n 较小时，运行时间较长，运行时间随着 σ_n 的增加呈整体下降的趋势。同时，时间的下降速度也越来越小，即开始时随 σ_n 增加而下降得较为明显，而当其增加到一个特定值时，运行时间逐渐趋于稳定。这种规律在两种数据集中均得到体现。不同之处是，立体像对数据集的运行时间整体高于深度点云数据集，这是因为立体像对数据集的颜色区分度低于深度点云数据集，且立体像对数据集的质量比深度点云数据集差，其包含大量的空洞、遮挡和离群值。此外，在立体像对数据集中，σ_n 大于 10 则运行时间趋于稳定，而在深度点云数据集中，该值为 2。原因是立体像对数据集的点数多于深度点云数据集，因此，为了使运行时间稳定，需要过滤掉更多的点。

需要注意的是，σ_n 的值并不是越大越好。如果 σ_n 值过大，滤波后剩余的颜色数可能过少，这对于后续的搜索初始 4 点对会产生负面影响。例如，在深度点云数据集中，实验表明，σ_n 值超过 4 则无法成功搜索出初始 4 点对。

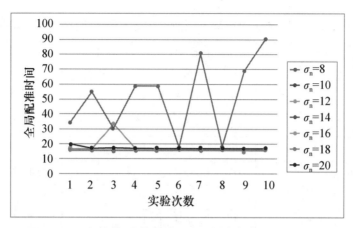

图 5-14　立体像对数据集不同滤波参数的运行时间

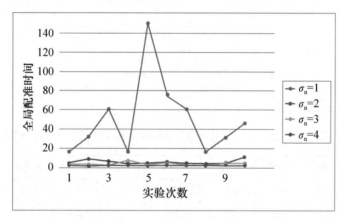

图 5-15　深度点云数据集不同滤波参数的运行时间

（2）颜色容差参数

在另一组实验中，σ_c 值从小到大规则地设定，而 σ_n 分别取三个固定的值。σ_n 的取值原则是第一组实验中运行时间稳定的情况下所取的三个值。这里，立体像对数据集的 σ_n 分别取 10、12 和 14，深度点云数据集的 σ_n 分别取 2、3、4。此外，本章实验的点云数据的原始 RGB 值采用浮点型存储，其值以 e 的指数形式表示。因此，σ_c 值从 e-46 至 e-38 依次取 e 的幂次方。同样，假设 RGB 值分别用 R、G 和 B 三个颜色通道的整数表示，σ_c 可以以一个固定间隔均匀取值。表 5-2 至表 5-4 显示了立体像对数据集在 σ_n 分别取 10、12 和 14 时不同 σ_c 值的连续 10 次试验。

表 5-2　立体像对数据集不同颜色容差的运行时间（σ_n=10）

实验序号	e-46	e-45	e-44	e-43	e-42	e-41	e-40	e-39	e-38
第 1 次	18.7	18.1	19	19.9	18.7	18.7	16.8	16.8	16.7
第 2 次	16.9	14.4	17.3	16.7	17.5	20.3	17	16.9	16.9
第 3 次	27.2	15.8	18.7	18.7	17.2	20.6	17.3	16.9	16.9
第 4 次	15.7	20.9	17.3	17.2	18.7	16.9	17	16.9	16.8
第 5 次	15	16.9	18.2	19.7	17.4	17.2	17.4	20.8	16.7
第 6 次	20.8	21.6	17.3	17.7	19.1	17	17.1	16.8	16.9
第 7 次	15.1	19.1	17	18.4	17.6	17.1	16.7	16.9	16.7
第 8 次	15.2	22.5	20	19.3	17.6	17.2	22.1	20.3	16.8
第 9 次	15	16	18.6	18.4	17.5	17.5	21.3	16.8	16.8
第 10 次	16.4	16.3	18.4	17.5	19.5	17.5	17.8	16.9	16.8
平均时间	17.6	18.16	18.18	18.18	18.08	18	18.05	17.6	16.8
时间标准差	3.67	2.62	0.91	1.02	0.79	1.32	1.86	1.48	0.08

表 5-3　立体像对数据集不同颜色容差的运行时间（σ_n=12）

实验序号	e-46	e-45	e-44	e-43	e-42	e-41	e-40	e-39	e-38
第 1 次	18.2	16.7	17.8	20.7	16.5	17.1	17.2	16.4	16.5
第 2 次	17.9	18.1	17.4	21.3	16.6	16.5	17.1	17.3	16.3
第 3 次	15.2	14.9	17.9	18.4	17.0	16.6	16.5	16.4	16.3
第 4 次	16.5	17.2	15.9	19.0	16.3	16.6	17.3	16.4	16.3
第 5 次	19.7	25.6	17.2	20.6	18.0	16.6	16.8	16.3	16.6
第 6 次	18.1	16.1	21.3	16.0	16.4	18.0	16.9	16.4	16.4
第 7 次	17.0	21.9	18.8	16.9	15.9	16.8	17.2	16.5	16.3
第 8 次	18.3	14.5	16.7	17.3	17.1	16.9	16.3	16.3	16.3
第 9 次	19.9	16.1	16.4	19.5	19	17.2	17.5	16.3	16.4
第 10 次	14.8	20.4	19.6	19.5	16.3	16.9	16.8	16.2	16.5
平均时间	17.56	18.15	17.9	18.92	16.91	16.92	16.96	16.45	16.39
时间标准差	1.61	3.32	1.54	1.67	0.89	0.42	0.35	0.29	0.10

表 5-4　立体像对数据集不同颜色容差的运行时间（σ_n =14）

实验序号	e-46	e-45	e-44	e-43	e-42	e-41	e-40	e-39	e-38
第 1 次	25.4	14.6	18	22.3	17.1	18.3	16.8	18.7	15.9
第 2 次	14.3	15.8	19.3	22.0	17.1	16.9	16.8	18.8	16.0
第 3 次	21.0	14.4	17.2	16.3	16.3	18.3	16.1	16.2	15.9
第 4 次	16.7	17.8	21.8	18.4	19.2	17.1	16.1	16.1	16.0
第 5 次	15.7	14.3	16.4	18.8	19.1	16.9	16.7	16.1	16.0
第 6 次	14.4	18.1	19.8	17.5	20.4	17.1	16.8	18.5	15.8
第 7 次	15.5	24.8	19.3	20.2	16.9	17.3	17.7	16.2	16.0
第 8 次	22.2	16.9	18.4	17.1	17.4	18.4	17.0	16.1	15.9
第 9 次	15.1	18.4	17.3	17.0	16.7	16.7	17.2	16.1	15.9
第 10 次	15.3	18.0	17.5	26.7	18.1	17.1	16.8	16.1	16.1
平均时间	17.56	17.31	18.5	19.63	17.83	17.41	16.8	16.89	15.95
时间标准差	3.67	2.93	1.51	3.07	1.26	0.62	0.45	1.17	0.08

可以看出，绝大部分的运行时间在 15~20s 之间。同时，在三个不同的 σ_n 值中，随着 σ_c 的变化，运行时间差别不太显著。然而，还是有一些细微的差别，当 σ_c 值增加时，尽管出现部分运行时间增加、部分运行时间减少的现象，但总体趋势还是呈微弱减少的。此外，当 σ_c 增加时，运行时间的标准差整体呈下降的趋势，这一点比前者更明显。这表明，随着 σ_c 的增加，运行时间越来越稳定。另一方面，相对于阈值 σ_n 来说，σ_c 对于运行时间的影响不明显。

图 5-16 至图 5-18 显示了深度点云数据集随着 σ_c 变化的运行时间变化趋势，该数据的规律性比立体像对数据集更为明显。随着 σ_c 增加，运行时间总体下降。σ_c 值较小时，连续 10 次的运行时间差别很大，最大的超过 10s，甚至超过 100s，而最小的小于 5s。随着 σ_c 值逐渐增加，运行时间趋于稳定，而一旦趋于稳定，则连续 10 次的运行时间相互之间非常接近，即收敛速度很快。

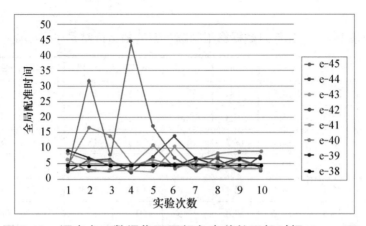

图 5-16　深度点云数据集不同颜色容差的运行时间（$\sigma_n = 2$）

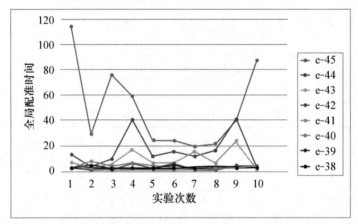

图 5-17　深度点云数据集不同颜色容差的运行时间（$\sigma_n = 3$）

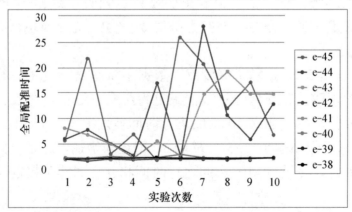

图 5-18　深度点云数据集不同颜色容差的运行时间（$\sigma_n = 4$）

两组实验的共同点是，运行时间均随 σ_c 值的增加而越来越稳定，不同点是深度点云数据集中运行时间的收敛速度快于立体像对数据集，且规律更加显著。考虑到深度点云数据集的颜色区分度大于立体像对数据集，而同时点数更少，因此深度点云数据集中每种颜色的候选点的数量小于立体像对数据集，这会导致搜索点对点对应关系的搜索时间增加。如果 σ_c 增加到一定程度，候选点数量会增加很多从而使搜索时间减少，但同时导致误差增大。因此，在实际应用中，σ_c 和 σ_n 的选取原则是在保证运行时间稳定的前提下尽量小。

5.3.3　与 FPFH 特征值的对比分析

第 4 章中将 FPFH 作为点特征描述子，并基于 FIPP 搜索点对点对应关系的点云配准方法，具有较低的计算复杂度和较高的配准精度。为了验证本章提出的点云配准方法的效率，我们在相同的计算机软硬件环境下分别使用这两种方法，且两种方法的程序代码中不使用任何加速机制和并行处理机制。此外，FIPP 算法中的参数在两个方法中保持相同（除本章 FIPP 改进之外），σ_n 值在立体像对数据集和深度点云数据集中分别设定为 10 和 4，σ_n 都设定为 e-42。由于 ICP 算法用于全局配准之后的局部配准，最开始只讨论两种算法的计算效率。对比实验分别执行 4 组，两组用于立体像对数据集，两组用于深度点云数据集。图 5-19 和图 5-20 分别显示了对比的结果。

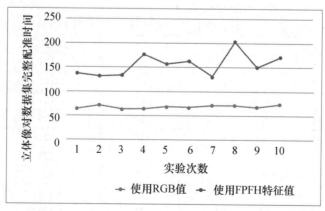

图 5-19　基于颜色信息和基于 FPFH 特征值的立体像对数据集整体配准时间对比

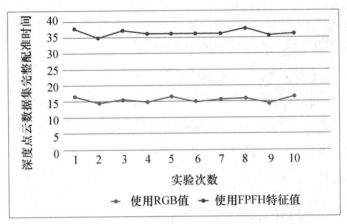

图 5-20 基于颜色信息和基于 FPFH 特征值的深度点云数据集整体配准时间对比

两图中，不论是立体像对数据集还是深度点云数据集，使用 FPFH 作为特征描述子的运行时间均大于 RGB 方法。其中，在立体像对数据集的对比实验中，FPFH 方法的运行时间为 130～210s，而 RGB 方法的时间为 53～63s，同时，FPFH 方法的稳定性不如 RGB 方法；在深度点云数据集中，FPFH 方法的时间为 35～38s，而 RGB 方法的时间为 15～17s。由此看出，以 RGB 作为点特征描述子进行 3D 点云数据的全局配准，不但速度快于 FPFH 方法，而且稳定性也更好。表 5-5 分别为立体像对数据集两种方法实验各阶段的对比。

表 5-5 基于颜色信息和基于 FPFH 特征值的立体像对数据集配准时间对比

实验序号	基于颜色信息的配准			基于 FPFH 特征值的配准	
	RGB 值统计	对应点搜索	ICP 算法	计算 FPFH 特征值	对应点搜索
第 1 次	13.1	3.3	48	120	17.54
第 2 次	13.1	3.3	55	121	11.28
第 3 次	13.1	3.3	47	121	12.26
第 4 次	13.3	3.3	48	121	56.31
第 5 次	13.6	3.4	50	120	36.1
第 6 次	13.4	3.3	50	121	41.23
第 7 次	13.5	3.4	54	121	9.25
第 8 次	13.6	3.4	55	121	81.89
第 9 次	13.6	3.4	50	121	27.78
第 10 次	13.6	3.4	56	121	48.61
平均时间	13.39	3.35	51.3	120.8	34.225

此外，为了更详细地理解两种方法的差异，配准过程被拆分为几部分。基于颜色信息的方法中，主要拆分为 RGB 信息统计、点对点对应关系搜索以及 ICP 配准；基于 FPFH 特征值的方法中，主要由计算 FPFH 特征值和点对点对应关系搜索两部分组成。表 5-6 分别为深度点云数据集两种方法实验各阶段的对比。

表 5-6　基于颜色信息和基于 FPFH 特征值的深度点云数据集配准时间对比

实验序号	基于颜色信息的配准			基于 FPFH 特征值的配准	
	RGB 值统计	对应点搜索	ICP 算法	计算 FPFH	对应点搜索
第 1 次	1.98	0.47	14	34	3.69
第 2 次	1.99	0.51	12	33	2.13
第 3 次	1.99	0.5	13	34	3.15
第 4 次	1.97	0.93	12	34	2.06
第 5 次	1.99	0.65	14	34	2.29
第 6 次	1.99	0.53	13	33	3.39
第 7 次	1.99	0.6	13	34	2.03
第 8 次	1.97	0.58	13	34	3.75
第 9 次	1.99	0.55	12	34	1.77
第 10 次	1.99	0.49	14	33	3.21
平均时间	1.985	0.581	13	33.7	2.747

可以看出，前一方法的运行时间整体很稳定，在后一方法中，计算 FPFH 特征值部分的运行时间也较为稳定。但在后一方法中，对应点搜索的时间在立体像对数据集中非常不稳定，时间范围是 11～81s。同时，RGB 值的计算时间远少于 FPFH 特征值的计算时间，而两种方法在对应点搜索部分同样如此。即便是加上 ICP 算法局部配准环境的时间，前一方法的整体运行时间仍然少于后一方法。此外，由于需要经过最后的 ICP 局部配准，前一方法能够取得更高的配准精度。因此，本章提出的以 RGB 值为点特征描述子的 3D 点云配准方法能够取得更快的速度、更高的精度。

5.3.4　本章结论

本章所用的点云全局配准方法中，候选点集的构建主要基于 RGB 值，其

RGB 颜色滤波阈值 σ_n 和颜色容差阈值 σ_c 均对其产生重要影响。参数 σ_n 决定了参与对应点搜索的颜色种类数。一般而言，σ_n 值越大，参与对应点搜索的颜色种类数越少。尽管参与搜索的颜色种类数变少，但剩余的颜色中拥有相同 RGB 值的平均点数却增加，这也提高了两个点集中相同颜色包含同名点的概率，因此提高了配准效率。然而，阈值 σ_n 存在一个上限，即一旦 σ_n 值超过一个特定值，点对点对应关系的搜索便可能失败，这是因为颜色数太少导致拥有相同颜色的同名点不足以构建刚体变换矩阵。因此，σ_n 值的设定时机是，运行时间降低到一个较小的数且不再因 σ_n 增加而出现明显的改变，即运行时间趋于稳定时。本章中，立体像对数据集中 σ_n 的最佳值为 10，深度点云数据集中的最佳值则为 4。

参数 σ_c 决定了每种颜色候选点的数量。σ_c 值越大，候选点数越多。需要说明的是，本章所用方法在全局配准中产生的具体影响取决于颜色的区分度。如果颜色区分度较小，每种颜色候选点的数量反而更多，而在进行对应点搜索时，在不需要设置较大 σ_c 值的情况下，反而更易找到足够多的点。在这种情况下，σ_c 值对运行时间的影响非常小，反之亦然。此外，尽管 σ_c 值对运行时间的影响依赖于点云数据集的区分度，其时间稳定性随着 σ_c 值的增加越来越高，然而，运行时间稳定性的提高是以牺牲配准精度为代价的。因此，σ_c 值的选择应遵循运行时间和配准精度之间的平衡原则。本章两种数据实验中的 σ_c 值均为 e-42。

此外，本章在以 RGB 值为点特征描述子的情况下，FIPP 算法经过部分改进以更快地搜索点对点对应关系。改进的 FIPP 算法虽然能够减少搜索时间，但牺牲了配准精度，因为将 RGB 值作为描述子毕竟比其他高维的描述子粗糙很多。而这一不足是通过后续基于 ICP 算法的局部配准解决的。

总体而言，本章提出的基于 RGB 值的 3D 点云配准方法具有速度更快、精度更高的特点。需要说明的是，该方法要求点云数据集中的所有点必须包含 RGB 信息，同时，颜色区分度对运行效率具有极大影响。如果点云数据集中没有 RGB 信息，则该方法不能用于点云配准。

第6章 基于区域增长法的城市道路自动提取

6.1 城市道路自动提取概述

    区域增长法通常在点云分割中应用较广，尤其在建筑物的面片分割应用中具有显著效果，基于建筑物的面片分割可以构建建筑物的三维模型。建筑物是人工建造的，其分割出的各个面片具有较为明显的特征。因为不同面片之间的位置关系是大体垂直的，并且同一面片上的点近似位于一个平面上。已有的研究表明，区域增长法在建筑物点云分割中是有效的，可以基于区域增长法并依据平面间法向量的角度差异来区分。然而，来自 MLS 的城市点云数据不但包含的点数众多，而且包含大量不同类型的地理要素，例如，道路、植被、建筑物、车辆、行人等。其中，道路的空间分布近似于水平，建筑物近似于垂直，植被呈三维空间聚集，而其他类型则无显著规律。因此，对于区域增长法，很难用一个统一的判定标准来分割城市点云中的所有类。这是由于城市点云中不但包含建筑物等人工突变的地理要素，而且包含道路等地形渐变的信息。实际应用中，经常出现分割不完全或分割过度的情况。图 6-1 显示了城市点云分割中出现的上述两种现象。

    尽管区域增长法在 MLS 点云数据的分割中存在一些缺陷，但对于提取单一类型的地理要素仍具有一定的可能性。城市点云数据主要来自 ALS 和 MLS，其中，ALS 由于采样密度小于 MLS 而侧重于较为宏观的应用，MLS

因其特殊的数据采集形式可以弥补 ALS 无法穿越的部分。在城市的地理要素中，道路是最重要的地物之一，一直被广泛应用。从点的空间分布来看，道路点相对于其他要素更有规律性。一方面，道路大多较为平坦且近似于平面，另一方面，道路两侧或中心隔离带会出现连续或不连续的人工路肩。这些都为从 MLS 数据中提取城市道路提供了较好的约束条件。区域增长法在用于道路提取时有两个重要的因素：种子点的选取原则以及道路点簇的判定规则。种子点对于道路的增长具有重要作用，而道路点簇的判定直接影响道路提取的结果。

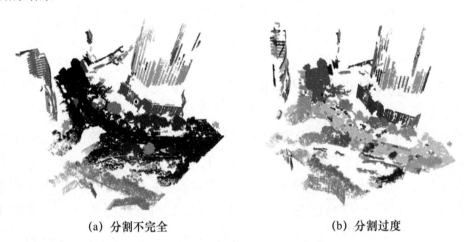

(a) 分割不完全　　　　　　　　　　　(b) 分割过度

图 6-1　分割不完全与分割过度

本章借鉴区域增长法的思想，提出一种基于 MLS 数据的道路提取方法，通过初始种子点选取和新增种子点的判定、增长区域的确定，以及不连续道路的处理等，能够在不遍历所有点的前提下实现道路的快速提取。实验表明，本方法能够在取得较高精度的同时具有较好的稳定性和通用性。

6.2　城市道路自动提取算法

借鉴区域增长法，本节提出一种基于 MLS 数据的全自动道路提取方法，主要包括初始种子点选取、增长条件判定、新增种子点选取、不连续道路处理方法以及邻域点搜索策略等。

6.2.1　初始种子点选取

初始种子点（也称为初始种子）的选取非常重要，其直接决定了区域增长的起始位置。基于区域增长法提取城市道路点，其过程不同于点云分割。点云分割需要遍历所有的点并对其进行分类，而城市道路的提取在理论上只需要遍历道路中的点，增长超出道路的范围时能够自动判断并停止，这样可以减少计算时间。因此，初始种子点必须位于道路上。

初始种子点的传统选取方法主要基于高程或曲率。对于高程，一般情况下，城市点云数据集中高程最小的点有可能是位于道路上的，但也有例外情况。例如，城市中出现凹陷区域，或者点云数据集中含有大量位于道路下方的粗差。出现上述情况时，基于高程最小准则选出的初始点极有可能不属于道路点。曲率描述了表面的弯曲程度。通常，道路表面具有最小的曲率，但MLS 点云数据集中也存在大量的平坦表面，例如建筑立面、广告牌以及公共汽车等。因此，用曲率最小作为初始种子点的选取准则也不能确保其位于道路上。

我们提出一种基于邻域点数、曲率以及高程约束的初始种子点选取准则。由于初始种子必须位于道路上，且道路点的分布是均匀和密集的，在初始种子点的一定邻域半径范围内，其邻域点的数量必定较多，因此，只有当一个点的邻域点数量超出一个阈值时，该点才具有成为初始种子点的可能，具体见式（6-1）：

$$N_{P_0} > \sigma_{Nn} \tag{6-1}$$

式中，P_0 为初始种子点，N_{P_0} 为初始种子点的邻域点数，σ_{Nn} 为数量阈值。在满足式（6-1）的前提下具有最小曲率的点被认为初始种子点，见式（6-2）。此外，若满足式（6-2）的点数大于 1，则从这些点中选取高程最小的点为初始种子点，见式（6-3），该项约束可以避免位于其他平面上的点被误认为初始种子点。

$$K_{P_0} = \min\left(|K_i|\right), \quad i = 1, 2, \cdots, n \tag{6-2}$$

$$H_{P_0} = \min\left(H_j\right), \quad j = 1, 2, \cdots, m \tag{6-3}$$

式中，K_{P_0} 和 H_{P_0} 分别表示初始种子点的曲率和高程，K_i 为数据集中第 i 个点

125

的曲率，n 为数据集的点的数量，H_j 为第 j 个点的高程，m 为同时具有最小曲率的点数。曲率的值具有正负两种可能，这里仅考虑其大小而不关心其正负，因此，初始种子点的选取依赖于曲率的绝对值。选取规则如下：首先是邻域点数，其次是曲率，最后是高程。如果一个点不满足前一条件，则不需要考虑后序条件，直接忽略。这种策略的优势是可以提高效率。

图 6-2 显示了 MLS 数据中使用上述不同曲率选取的初始种子点结果。从图中可以看出，基于高斯曲率选取的初始种子点属于道路点，而其他三种曲率位于垂直平面上，例如，广告牌或公共汽车侧面的垂直面。因此，高斯曲率在选取初始种子点时具有更好的稳定性，在式（6-2）中使用高斯曲率，能使初始种子点位于道路的概率大大增加。

(a) 高斯曲率　　　　　　　　　(b) 平均曲率

(c) 最大曲率　　　　　　　　　(d) 最小曲率

图 6-2　不同曲率的初始种子点选取结果

6.2.2　增长条件判定

确定了初始种子点，就需要判断其 k 邻域范围内的点与该点是否同类。判定原则是其空间属性或几何属性的相似度，如果相似度很高，则认为邻域点是道路点。尽管曲率值描述了点的空间属性，但对于从大数据量点云中区分道路和非道路点，该指标过于粗糙。因此，有必要使用一个新的指标来提高点与点之间的区分度。

目前常用的指标主要有高程差（Difference in Elevation，DE）（Fang 等，2013）、水平角度（Horizontal Angle，HA）（Zhang 等，2016）、法向夹角（Angle between Normals，AN）（Rabbania 等，2006）以及点特征描述子等。图 6-3 显示了不同方法的原理，其中 p_s 为种子点，p_i 为邻域点。DE 和 HA 将道路看成一个水平面，而实际中道路的中心线略高于道路边缘，此外，部分城市道路具有一定的坡度。AN 计算种子点与邻域点的法向夹角，其一定程度上受搜索半径的影响。当植被等要素与道路相连时，法向有可能与道路点保持一致。点特征描述子以高维直方图的形式描述一个点周围的局部形状，计算种子点与邻域点之间直方图的欧几里得距离，可以得出点之间的特征差异性。在描述子中，快速点特征直方图（Rusu 等，2009）在效率、健壮性、描述性方面具有较好的综合性能（见图 6-3）。然而，描述子仅考虑点的空间属性或几何属性的差异，并不针对特征类型的地理要素，如道路。因此，描述子在道路提取中不具有优势。

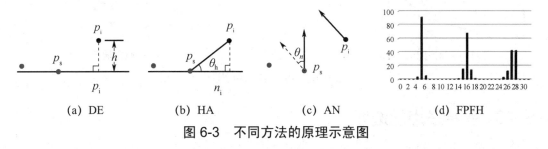

图 6-3　不同方法的原理示意图

本节提出一种新的增长条件判定指标——切平面前度，具体原理见图 6-4。尽管同样需要计算角度，但 HA 计算的是邻域点与种子点所在水平面的角度，其结果类似于坡度值，而在图 6-4 中，计算的是邻域点与种子点所在的切平面角度（Tangent plane Angle，TA）。

TA 值的计算公式见式（6-4），其中 θ_t 表示 TA 的值，$n = (A, B, C)$ 表示

切平面的法向量，$(x_s，y_s，z_s)$ 为种子点的空间坐标，$(x_i，y_i，z_i)$ 表示种子点的第 i 个邻域点的坐标。式（6-5）为邻域点是否属于道路的判断依据，p_i 为种子点的第 i 个邻域点，σ_A 为判断阈值，当 θ_t 小于 σ_A 时，邻域点属于道路。

$$\theta_t = \arcsin\left(\frac{|A(x_s - x_i) + B(y_s - y_i) + C(z_s - z_i)|}{\sqrt{(x_s - x_i)^2 + (y_s - y_i)^2 + (z_s - z_i)^2}} \right) \tag{6-4}$$

$$p_i = \begin{cases} \text{True}, & \theta_t \leqslant \sigma_A \\ \text{False}, & \theta_t > \sigma_A \end{cases} \tag{6-5}$$

当道路曲面类似于水平面时，HA 值与 TA 值相近，如果道路曲面不符合水平面，两者之间则具有较大的差异。图 6-4 显示了三种不同的情景：凹面、凸面和具有稳定坡度的地形。可以看出，当道路凹陷时，TA 值小于 HA 值，而当道路凸起时，情况则正好相反。虽然 TA 值在两种情况下分别大于和小于 HA 值，然而，整体的绝对值得到收敛，这增大了区分道路与非道路点的有效阈值设定范围。当道路的地形处于一个稳定坡度时，TA 值变得非常小，类似于计算水平面上的 HA 值。因此，基于 TA 道路的角度范围变小了，这使得区分道路点和非道路点更加容易。

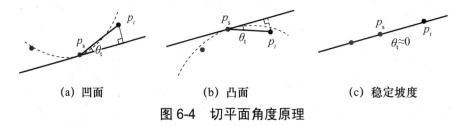

(a) 凹面　　　　　　　(b) 凸面　　　　　　(c) 稳定坡度

图 6-4　切平面角度原理

6.2.3　新种子点的选取

道路的增长是通过不断添加新的种子点而持续进行的。新种子点用于控制从初始种子点增长到整个道路的过程。一旦确认了新种子点，通过搜索其 k 邻域范围就可以判断邻域点是否属于道路。因此，新种子点对于道路提取的结果有重要影响。式（6-6）给出了新种子点的判断公式。

$$p_i = \begin{cases} \text{True}, & K_{p_i} < \sigma_K \bigcap p_i \in C_r \\ \text{False}, & \text{其他} \end{cases} \tag{6-6}$$

其中，K_{p_i} 表示点 p_i 的高斯曲率，σ_K 为高斯曲率阈值，C_r 表示满足增长条件的道路点。新种子点的选取依赖两个准则。首先，如果已有种子点的邻域点被确认为道路点，那么该点有可能是一个新种子点，见式（6-5），否则该点肯定不是新种子点。其次，种子点的作用是确定其邻域点是否属于道路，但如果一个点位于道路边缘，则该点不再适合作为新种子点。因此，通过设定一个高斯曲率的阈值来判定该点是否位于道路边缘。

6.2.4　不连续道路处理方法

根据上述方法，如果种子点的选择以及道路点判定是正确的，理论上，道路是可以被精准地提取出来的，不过有一个特例，即一个点云数据集中包含超过一条的道路且道路之间是不连续的。基于区域增长法的道路提取考虑的是点的持续蔓延，当第一条道路被提取后，就不会再有新的种子点和属于道路的点满足条件，因此，如果数据集中的多条道路不连续，则上述方法只能提取出第一条道路。

与此同时，上述方法中要求初始种子点必须位于道路上。实际上，当一个点云数据集中出现多条道路时，即使第一条道路被提取出来，上述方法对剩下的点仍然是适用的。就剩余点而言，基于式（6-1）至式（6-3）重新选取的初始种子点也一定位于另一条道路上。因此，可以使用初始种子点选取以及道路点判定（5.2.2 节和 5.2.3 节）的方法，从剩余点中重新提取新的道路。

需要考虑的关键是区域增长的步骤何时停止。常规区域增长法是当一条路增长结束时，不断重复新的初始种子点和新增种子点的选取，直到所有的点被分类完毕。在这之后，对所有的类进行判定是否属于道路。不过，这种方法由于需要遍历所有的点而效率较低。如前所述，点云数据集中的点被分类的次序是先道路点后非道路点。为此，可以设置一个阈值用于区分道路点簇和非道路点簇。式（6-7）显示了区分的基本原理：

$$\begin{cases} \text{Roads} = \left\{ C_i \mid i = 1, 2, \cdots, k-1 \right\} \\ N_{C_k} < \sigma_{N_r} \end{cases} \tag{6-7}$$

其中，C_i 表示第 i 个类，N_{C_k} 为第 k 个类的点数，σ_{N_r} 为区分的阈值。当第 i 个类的点数超过阈值时，当前类被认为是道路，增长继续进行；否则，当前类被认为是非道路要素，增长停止。最终的道路类为当前停止的类之前所有类的总和。图 6-5 显示了基于区域增长法的城市道路提取的算法流程。

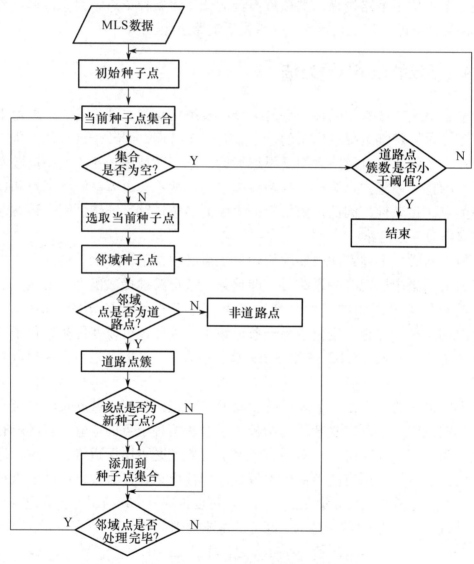

图 6-5 基于区域增长法的城市道路提取的算法流程

6.2.5　邻域点搜索策略

搜索一个点的邻域点通常涉及 3D 点云数据处理,如法向量、曲率的计算以及区域增长。搜索策略主要依赖于点云数据结构。本章使用 KD 树来搜索邻域点。邻域点的搜索方式有两种:一种是搜索给定点的 k 邻域(k 邻域搜索);另一种是搜索给定点的邻域半径(半径搜索)。尽管这两种搜索方式都是基于 KD 树结构的,但存在一些差别。k 邻域搜索要找的是空间上距离该点最近的 k 个点,而半径搜索要找的则是一个球体范围内的所有点,该球体以当前点为球心,球体半径为 r。

法向量和曲率的计算易受邻域点的影响。如果邻域点数量过少,法向量和曲率的值可能为空。因此,k 邻域搜索方式常用于上述两者的计算,其邻域数量始终为 k。而区域增长法用于道路提取时,不管是 k 邻域搜索还是半径搜索均有缺陷。在基于半径的邻域点搜索方式中,半径过小则区域可能不能增长到整个道路,而半径过大,许多靠近道路边缘的非道路点则有可能被误判为道路点。此外,很难找到一个合适的半径值使得道路提取的结果精度较高,因为不同的点云数据集,道路宽度等细节信息是不同的。在 k 邻域搜索中,邻域点有可能包含了靠近道路的离群值、异常点以及稀疏点,这些点也有可能被误认为道路点。此外,该方式的最佳阈值问题也和半径搜索方式一样。

为提高适用性和稳定性,本章所提方法同时采用 k 邻域搜索和半径搜索两种方式来搜索邻域点,即搜索半径设置为一个较大值,同时 k 值用于控制邻域点数量的上限。当邻域点数量过多时,考虑的邻域点数为 k;当邻域点数量较少时,则考虑搜索半径 r 内的所有点。采用 k 邻域搜索和半径搜索共同约束的邻域点搜索方式,使因半径设置过小而导致的道路点遍历不彻底,或者因半径过大而导致的非道路点被误判为道路点的现象大大减少。

6.3　城市道路自动提取评价准则

本节系统介绍基于区域增长法的城市道路自动提取算法的评价准则,包括实验使用的城市点云数据集、评价所需的地面真值以及精度评估方法。

6.3.1 城市点云数据集

本节使用 5 种不同类型的城市点云数据集来验证所提出的方法，数据来源于南京市奥体中心附近的 MLS 数据。5 种点云数据集分别是一般的简单道路（简称简单道路）点云数据集，部分道路被遮挡的（简称遮挡道路）点云数据集，具有部分隔离带的连续道路（简称部分连续道路）点云数据集，具有隔离带的不连续道路（简称简单不连续道路）点云数据集，以及具有不同类型的多条不连续道路（简称复杂不连续道路）点云数据集。

简单道路点云数据集中的道路要素最简洁、最均匀，道路要素中没有遮挡和隔离带，且道路是连续且笔直的，但道路的路牙线不连续。简单道路点云数据集见图 6-6。

 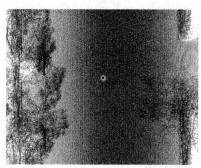

(a) 全局图　　　　　　　　　(b) 部分放大视图

图 6-6　简单道路点云数据集

遮挡道路点云数据集中存在道路的部分点被其他类型要素遮挡的现象，这是由于采集数据时道路上出现大量车辆、行人等。因此，该类型道路点集中存在很多空白区域，或点密度明显低于无遮挡道路的点，但所有的道路点总体上是连续的。使用遮挡道路点云数据集是为了测试部分被遮挡的道路点能否被有效识别。此外，该数据集中道路是弯曲的，具体见图 6-7。

部分连续道路点云数据集（见图 6-8）中的道路也是笔直的，道路的中间出现一条隔离带，但隔离带并没有完全将道路一分为二，在隔离带的尽头，道路点仍然是连续的。使用该类型数据集的目的是测试算法能否有效避开隔离区域并从连续的区域进行增长。

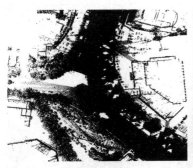 

(a) 全局图　　　　　　　　　　(b) 部分放大视图

图 6-7　遮挡道路点云数据集

 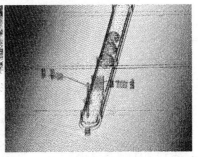

(a) 全局图　　　　　　　　　　(b) 部分放大视图

图 6-8　部分连续道路点云数据集

简单不连续道路点云数据集与部分连续道路点云数据集相似，不同的是隔离带将道路完全分隔成不同方向的两条（见图 6-9）。从剖面视角看，隔离带的点的高程要高于道路点。该数据集用于实验的目的是测试算法中不连续区域的处理策略是否有效。

复杂不连续道路点云数据集与上述所有数据集有一定的差异，不但道路被隔离带完全隔开，而且数据集中还存在另外一条不同类型的道路。从图 6-10 中可以看出，除了两条被隔离带完全分隔的机动车道，还存在一条弯曲的非机动车道。使用该数据集的目的是测试算法针对不同类型道路是否有效。

这 5 种数据集还有一些其他差异。各数据集均有离群值或噪声数据，其中，复杂不连续道路点云数据集离群点最多，其他由多到少依次是简单道路、遮挡道路、部分连续道路和简单不连续道路点云数据集。数据集中绝大部分离群值位于道路平面下方,这种现象可以用来测试算法中初始种子点选取的有效性。不同类型点云数据集的细节在表 6-1 中列出。

(a) 全局图　　　　　　　　(b) 道路剖面视角

图 6-9　简单不连续道路点云数据集

(a) 全局图　　　　　　　　(b) 道路剖面视角

图 6-10　复杂不连续道路点云数据集

表 6-1　5 种点云数据集对比

点云数据集	点数	道路类型	路牙线	离群值	遮挡	隔离带
简单道路	3306211	单一	不连续	少量	少量	无
遮挡道路	3027780	单一	不连续	少量	大量	无
部分连续道路	4658529	单一	连续	少量	少量	有
简单不连续道路	3663311	两条	连续	少量	少量	有
复杂不连续道路	8262651	多类型	连续	大量	无	有

6.3.2　地面真值

地面真值用于计算本章道路提取算法的结果精度。因为道路点是连续的且道路要素中存在边界，所以人工区分道路和非道路要素较为容易。本章利用 CloudCompare 软件沿着道路的路牙线人工提取出 5 种数据集的道路地面真值。并不是所有道路的路牙线都是连续的，在实际生活中，路牙线断开的情况很多。这里选取道路地面真值的准则是，在保证路牙线整体形状的前提下，将各断开的路牙线连接成一个连续闭合的边缘线。位于闭合区域内且高程近似的道路面的点默认为道路点，其他点则被删除。地面真值的提取结果如图 6-11 所示。

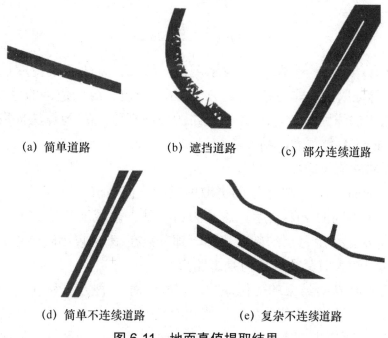

(a) 简单道路　　　　　(b) 遮挡道路　　　　　(c) 部分连续道路

(d) 简单不连续道路　　　　　(e) 复杂不连续道路

图 6-11　地面真值提取结果

6.3.3　精度评估方法

为对比 5 种方法（TA、DE、HA、AN 和 FPFH）的精度，使用这 5 种方法分别提取 5 种不同类型的数据，并统一基于地面真值进行精度对比。对比分析主要考虑不同区域增长法阈值下精度的范围、最高精度与最小精度以及精度的分布情况。此外，针对本章提出的方法（TA），对其灵敏度及参数的影响规律进行分析。

（1）精度评估原则

本章中，Kappa 系数用来描述道路提取结果的精度。Kappa 系数在评估分类结果的一致性中是一个重要指标（Soeken 等，1986），广泛用于分类结果评估。Kappa 系数在地理要素提取结果的分析中也同样适用，其公式如下：

$$\begin{cases} k = \dfrac{P_A - P_e}{1 - P_e} \\[2mm] P_A = \dfrac{(a + b)}{n} \\[2mm] P_e = \dfrac{(a_1 \cdot b_1 + a_0 \cdot b_0)}{n^2} \end{cases} \tag{6-8}$$

式中，k 表示 Kappa 系数，P_A 表示观测一致性，a 为正确提取出的道路点数，b 为正确提取出的非道路点数，P_e 表示差异度，a_1 为道路的地面真值，b_1 为算法提取出的道路点数，a_0 为非道路的地面真值，b_0 为算法提取出的非地面点数。Kappa 系数越大，精度越高。

（2）道路阈值灵敏度

尽管 Kappa 系数反映了道路提取的精度，但阈值 θ_t [见式（6-4）] 的不同设置会产生不同的结果精度。这是因为在基于区域增长法的城市道路提取中，阈值 θ_t 决定了道路点的判断依据，部分点在 θ_t 值较小时会被认为是非道路点，在 θ_t 值较大时又会被认为是道路点。

为探明参数 θ_t 对结果的变化规律，实验针对 5 种方法和 5 种点云数据集分别选取 20 个不同的 θ_t 值，θ_t 的取值范围是 0.005～60。实验的总次数为 500 次，其结果用折线图的形式表示。需要说明的是，尽管每种方法中道路点的判定阈值的单位不一致（角度、距离或其他单位），但实验的主要目的是探明所有方法的整体灵敏度。

（3）高斯曲率和搜索半径的影响

此外，还有两个参数对道路提取的结果精度产生影响，分别是高斯曲率和搜索半径。高斯曲率用于判断一个已知道路点是否可以作为新种子点进行区域增长。高斯曲率的阈值越大，成为新种子点的可能性越大，成为道路点的点数也越多。不过，该阈值对于结果精度影响的规律并不明确，因此需要在实验中进行分析。对于搜索半径这一参数，也是同样的道理。

6.4　区域增长法城市道路自动提取结果

本节从实验的提取结果、精度对比分析和参数影响的稳定性等方面，系统阐述基于区域增长法自动提取城市道路的实验结果。

6.4.1　提取结果

图 6-12 显示了采用本章方法在 5 种数据集中的道路提取结果。其中，（a）到（e）分别为简单道路、遮挡道路、部分连续道路、简单不连续道路以及复杂不连续道路的实验结果。图 6-12 中红色的点为道路点，黑色的点为初始种子点，（d）和（e）中因为道路不连续而出现超过一个初始种子点的情况，其顺序号表示初始种子点的选取次序。

从图 6-12 可以看出，5 种数据集的所有初始种子点均位于道路上，而当数据集中的道路条数大于 1 时，初始种子点也均位于不同道路上。这表明，初始种子点选取的方法是正确的，且适用于不同类型道路的数据集。基于初始种子点提取的城市道路结果，总体上是良好的。

对比 5 种不同数据集的道路提取结果，简单道路和遮挡道路数据集中，道路的边缘线大部分与路牙线重合，同时少部分区域略微向外延伸。延伸的原因是该数据集中的路牙线不连续，且不连续区域中道路点和非道路点几乎在同一个平面上。对于部分连续道路的数据集，道路的边缘线相对更准确，而靠近隔离带的边缘线存在部分误差。这是因为，数据采集时仪器不稳定或外部环境的影响，造成道路上部分点的坐标发生偏差，该问题在 5.4.3 节得到解决。对于简单不连续道路和复杂不连续道路数据集，其道路提取结果反而最好，提取结果都具有较高的精度，主要原因是，在这两种不连续道路的数据集中路牙线是连续的（这一点非常重要）。

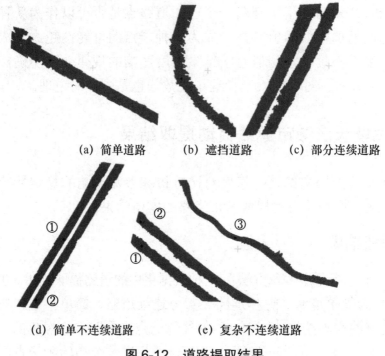

(a) 简单道路　　　(b) 遮挡道路　　　(c) 部分连续道路

(d) 简单不连续道路　　　(e) 复杂不连续道路

图 6-12　道路提取结果

6.4.2　精度对比分析

为了对比 TA 法与其他 4 种方法的结果精度，分别做了 5 组实验，其中阈值 θ_t 设置了 20 个不同的值（0.005、0.01、0.05、0.1、0.5、1、2、3、4、5、6、7、8、9、10、15、20、30、45、60）。尽管不同方法的阈值单位不同，但实验的目的有两个，一是明确这些方法获取精度的范围，二是探明其精度的稳定性。此外，其他参数值保持一致，其中高斯曲率的阈值为 0.02，搜索半径为 0.24m，邻域点最大数量为 30。图 6-13 显示了 5 种方法的结果精度随参数 θ_t 的变化情况。

在简单道路点云数据集中，TA 法和 HA 法能够获取的最大精度最高，且两者几乎相同，其次是 DE 法和 FPFH 法，AN 法的最大精度相对最低；TA 法的最小精度最高，其次是 AN 法，其他三种方法的最小精度最低。其他 4 种数据集的规律与此类似。然而，在阈值 θ_t 从小到大逐渐增加的过程中，TA 法的精度一直能够保持在较高的值（接近 0.9），直到阈值超过 15。DE 法在阈值小于 0.01m 时精度非常低（低于 0.1），无法正确区分道路点和非道路点，一旦阈值超过 0.01m，则保持非常稳定的精度，但其最大精度低于 0.8。这表明，基于高程差阈值区分道路点和非道路点的有效识别度大于 0.01m。HA 法的有效识别度为 3°，低于 3° 则提取精度极低。与 TA 法类似，当阈值超过 15° 时，HA 法的精度开始下降。AN 法可以识别的最小角度阈值小于 0.005°，且在所有的阈值范围内均能获得稳定的精度，但其精度值较低（0.60～0.75）。这表明，基于法向角度差提取的道路点尽管很稳定，但精度偏低。FPFH 主要通过直方图各区间的欧几里得距离来区分特征，从实验结果来看，仅当欧几里得距离阈值大于 8 时才能识别道路点，同时其最大精度偏低（最大精度与 TA 法的最小精度相近）。因此，描述子虽然在对象识别等应用中具有优势，但并不是识别道路点的最佳方法。

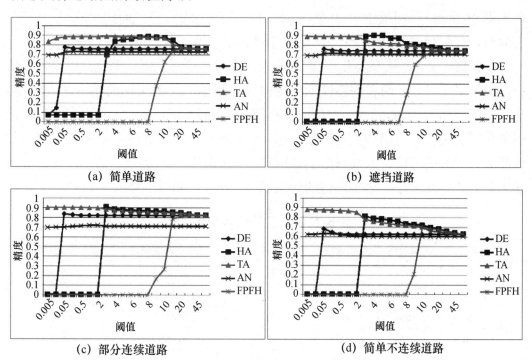

(a) 简单道路　　　　　　　　　　(b) 遮挡道路

(c) 部分连续道路　　　　　　　　(d) 简单不连续道路

图 6-13　5 种方法的结果精度随参数 θ_t 的变化情况

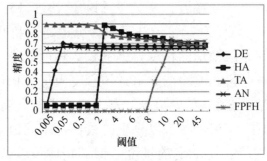

(e) 复杂不连续道路

图 6-13　5 种方法的结果精度随参数 θ_t 的变化情况（续）

从上述分析可以看出，DE、AN 和 FPFH 三种方法具有明显缺陷，主要是结果精度太低，因此剩下的 4 种数据集仅对比 TA 和 HA 两种方法。在遮挡道路数据集中，HA 法在 3°～7° 阈值范围内取得最高的精度，而 TA 法的阈值范围则小于 3°。阈值小于 3°时，TA 法具有明显的优势；而阈值在 3°～7°之间时，HA 法的精度更高。就最大精度而言，两者相差不大（0.1）。另外，3 种数据集中，TA 法显示出一定的优势。阈值小于 3° 时，TA 法具有绝对优势，阈值大于 3°，两者的精度变化规律较为相似，且 HA 法的精度略大于 TA 法。但纵观所有阈值，TA 法的最大精度略大于 HA 法，TA 法取得高精度时的阈值范围明显大于 HA 法。由此说明，基于水平角度（坡度）提取的道路点尽管能取得较高的精度，但高精度的范围较小，稳定性也不如 TA 法。表 6-2 显示了不同方法在 5 种数据集中取得的最大精度（max）和最小精度（min）。

表 6-2　5 种方法的精度范围

方法精度		简单道路	遮挡道路	部分连续道路	简单不连续道路	复杂不连续道路
DE	max	0.7671	0.7737	0.8223	0.6812	0.6741
	min	0.0648	0.0068	0.0062	0.0071	0.0058
HA	max	0.8894	0.9061	0.9110	0.8148	0.8858
	min	0.0648	0.0068	0.0063	0.0069	0.0589
TA	max	0.9031	0.8961	0.9050	0.8807	0.8959
	min	0.7612	0.7488	0.8176	0.6322	0.6771

方法精度		简单道路	遮挡道路	部分连续道路	简单不连续道路	复杂不连续道路
AN	max	0.7343	0.7363	0.7416	0.6345	0.6647
	min	0.6414	0.6947	0.7128	0.6045	0.6455
FPFH	max	0.7671	0.7736	0.8216	0.6979	0.7438
	min	0	0	0	0	0

在表 6-2 中，TA 法在 5 种数据集中取得的最小精度优于其他 4 种方法，同时，在简单道路、简单不连续道路和复杂不连续道路中的最大精度也优于其他方法。在其他两种数据集中（遮挡道路和部分连续道路），HA 法的最大精度值最大，但与 TA 法的精度差小于 0.1。表 6-3 显示了 5 种方法的精度分布情况。

表 6-3　5 种方法的精度分布

方法精度	[90, 100]	[80, 90)	[70, 80)	[60, 70)	[0, 60)
DE	0	18	37	35	10
HA	3	30	24	8	35
TA	6	57	29	8	0
AN	0	0	52	48	0
FPFH	0	4	16	9	71

在实验结果中，TA 法的精度大于 0.9 的次数为 6，HA 法精度大于 0.9 的次数为 3，其他三种方法的精度没有一次超过 0.9。而在 0.8～0.9 精度范围内，TA 法的精度大于 0.9 的次数是 57，HA 法的精度大于 0.9 的次数为 30。综合上述两部分，TA 法的精度超过 0.8 的占总数的 63%，其他方法最高的是 HA 法，但也仅占 33%。这些结果中包括一些明显不合适的较大阈值，如果去掉这些较大的阈值，则 TA 法的高精度占比还会更大。因此，本章提出的 TA 法提取城市道路可以获得较高的精度，更为重要的是，这些高精度总是可以保持在一个较宽的阈值区间内。从图 6-13 可以看出，5 种数据集中，高精度的阈值范围始终稳定在 0.01°～3°之间。

6.4.3　参数影响的稳定性

（1）曲率

曲率阈值在道路提取中的作用是选取种子点，在本章中使用高斯曲率这个参数。种子点能否被正确判断对道路提取的结果精度有重要影响。为了探明曲率阈值与精度之间的变化规律，针对 TA 法进行了另一组实验，其中，高斯曲率阈值 K_g 分别设置为 0.001、0.005、0.01、0.05、0.1 和 0.5，角度阈值 θ_t 的设置与 5.4.2 节相同。图 6-14 给出基于 TA 法的 5 种数据集不同曲率阈值下的结果。需要说明的是，图中许多曲率阈值参数的曲线不可见，例如，简单道路数据集中，曲率的阈值为 0.05 和 0.1，这是因为上述两个曲率阈值的曲线被其他阈值的曲线完全覆盖，表明结果完全相同。从图 6-14 中可以看出，数据集的变化规律具有一定的相似性。总体来说，精度随着曲率阈值 K_g 的增加而逐渐收敛，当 K_g 大于 0.05 时，5 种数据集的精度均收敛。因此，实际应用中，选取较大的曲率阈值可以达到较高的精度。同一条精度曲线中，θ_t 越小，精度随着 K_g 的增加而增加的幅度越大，θ_t 越大则增加幅度越小。而当 θ_t 达到一定值时（4° 左右），精度反而呈先增后减的变化规律。这表明，较大的曲率阈值可以将高精度维持在较大的阈值范围内。

对比不同数据集的结果，简单道路和遮挡道路数据集的结果非常相似，简单不连续道路和复杂不连续道路数据集的精度变化规律大致相同，部分连续道路数据集的精度变化介于两者之间。对于简单道路和遮挡道路，随着曲率阈值 K_g 的增加，其精度不但逐渐增加，而且能够取得稳定高精度的 θ_t 值的范围也逐渐增大。当 K_g 大于 0.05 时，维持高精度的 θ_t 值范围为 0.01°～10°。对于不连续道路的两种数据集，其高精度的稳定区间范围窄于前者（0.005°～4°），然而，其 95% 的精度值要高于前者 90% 的精度值。部分连续道路的高精度范围与后两种数据集相似，其高精度值与前两者相似，些许的不同是，当 θ_t 值超出稳定区间范围后，精度的结果值是缓慢下降的，其他 4 种数据集有急速下降的变化。

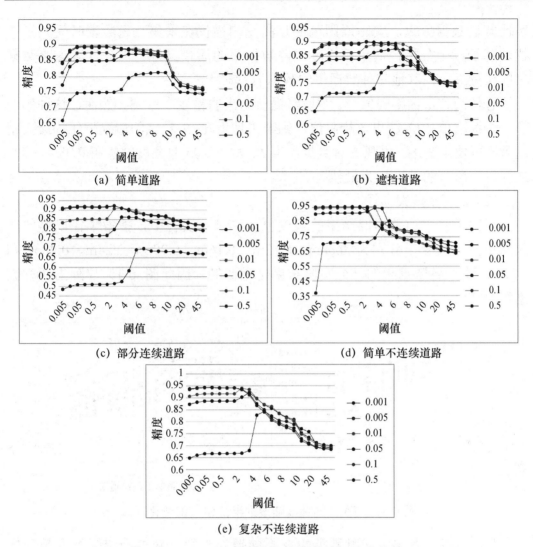

图 6-14　TA 法的结果精度随曲率和 θ_t 的变化情况

　　分析 5 种数据集，简单道路和遮挡道路数据集中没有隔离带，所以它们的道路横截面比其他数据集弯曲度更高，这导致在阈值 θ_t 极小时（小于 0.01）区分度不够，但对于较大的阈值则具有更高的精度。此外，两种数据集中的路牙线是不连续的，这也使得其精度低于其他数据集。当 K_g 较小时，部分连续道路的精度明显小于其他数据集，而当 K_g 增加时，其精度的增加速度明显更快。这说明，部分连续道路数据集中的道路点不够光滑，道路点的曲率比其他数据更大。实际原因可能是激光扫描仪在采集点云数据时受到了干扰。基于以上分析，简单不连续道路数据集的质量最好，部分连续道路数据集的质量最差，其他三种数据集的数据质量居中。

总体而言，曲率阈值 K_g 对道路提取结果的精度有影响。然而，这种影响有一个极限值，K_g 超出该极限值，则结果精度在 θ_t 较小的情况下保持最大精度且不再发生变化。纵观 5 种数据，当 K_g 大于 0.05 且角度阈值在 0.05°～3°之间时，所有的精度均为最佳。

（2）k 邻域搜索半径

搜索半径对道路提取结果的精度也有影响。实验中，搜索半径以均匀间隔从小到大设置，分别为 0.08m、0.12m、0.16m、0.20m、0.24m、0.28m 和 0.32m。由于各数据集的部分实验结果是相似的，因此图 6-15 仅列出两种数据集的结果。

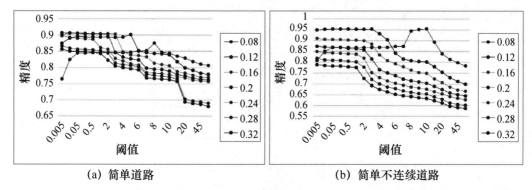

（a）简单道路　　　　　　　（b）简单不连续道路

图 6-15　TA 法的精度随搜索半径和 θ_t 的变化规律

从图 6-15 看出，两种数据集在不同搜索半径下获得的结果精度是多样的，不过，有一点相似。当角度阈值 θ_t 较小时（小于 3°），精度随着搜索半径的增加而呈现出先增后减的规律；当 θ_t 较大时（大于 6°），精度始终减小。然而，两者之间又有不同。在简单道路中，能够获得最大精度的搜索半径值在 0.16～0.20m 之间，而在简单不连续道路中，该值为 0.12m。此外，当搜索半径在 0.12～0.20m 之间时，简单道路数据集中获得的精度差异非常小，而在简单不连续道路数据集中，不但差异性远大于前者，而且其精度是持续下降的。总体来说，不存在一个通用的最佳搜索半径值，使得所有数据集都能够获得很高的提取精度。这表明，基于搜索半径的邻域点搜索方式不具有通用性。

为了提高本章所提方法的通用性和健壮性，邻域点的搜索方式采用 5.2.6 节所述方法，即搜索半径和最大邻域点数两者共同约束的方式。当邻域点数小于设定的最大值时，按照搜索半径遍历所有的邻域点；而当邻域点数超出设定的最大阈值时，则仅遍历距离最近的若干点。为此，我们又做了另外一组实验，其中，搜索半径和本节之前的设定保持一致，最大邻域点数设为 30。

图 6-16 给出了 5 种数据集的实验结果精度。与图 6-14 相似的是，当搜索半径的值较大时，很多曲线被其他曲线重合、覆盖。总体来看，随着半径的增加，小角度 θ_t（小于 2°）的精度增加，同时曲线逐渐收敛，当半径达到一定值时，精度最大且稳定。当阈值 θ_t 较大时（大于 5°），精度随着半径增加而减小。从单个数据集来看，稍微存在一点差异。简单道路、遮挡道路和部分连续道路数据集中取得稳定精度的半径为 0.24m，简单不连续道路数据集为 0.16m，而复杂不连续道路数据集则为 0.20m。收敛速度最快的是简单不连续道路数据集，其次是复杂不连续道路数据集、简单道路数据集和遮挡道路数据集，收敛速度最慢的是部分连续道路数据集。这表明，简单不连续道路数据集的点云分辨率最高，部分连续道路数据集的点云分辨率最低。尽管 5 种数据集中取得最大精度的半径阈值不同，但可以在一个较大的阈值范围内获得稳定的高精度。表 6-4 显示了 5 种数据集获得高精度的参数范围。

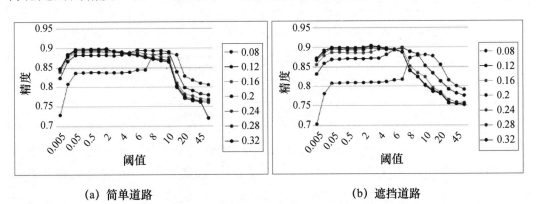

(a) 简单道路   (b) 遮挡道路

图 6-16   TA 法在 5 种数据集中的精度随 k 邻域搜索半径和 θ_t 的变化情况

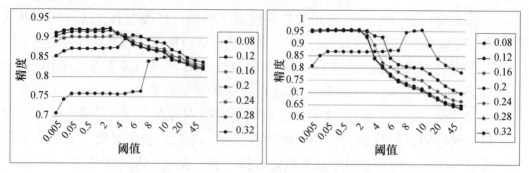

(c) 部分连续道路   (d) 简单不连续道路

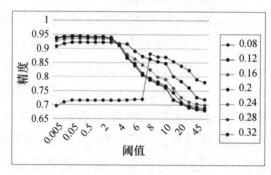

(e) 复杂不连续道路

图 6-16   TA 法在 5 种数据集中的精度随 k 邻域搜索半径和 θ_t 的变化情况（续）

表 6-4   TA 法精度的参数范围

道路类型	最大精度	最小精度	统一参数
简单道路	0.9056	0.8940	$K > 0.05$
遮挡道路	0.9095	0.8935	
部分连续道路	0.9227	0.9119	$r > 0.24$
简单不连续道路	0.9611	0.9526	$N_{\max} = 30$
复杂不连续道路	0.9439	0.9396	$0.01 < \theta_t < 3$

从表 6-4 中可知，搜索半径大于 0.24m 且最大邻域数为 30 时，高斯曲率大于 0.05，角度阈值大于 0.01°且小于 3°，则 5 种数据集中的最大精度均超过 90%。这表明，基于本章 TA 法提取的道路不但能够获得较高的精度，而且取得精度的参数范围较宽，具有很大的适用性；TA 法是有效且稳定的。

第 7 章　基于体素分层的城市行道树提取

7.1　城市行道树提取概述

第 6 章主要介绍城市道路的提取。城市道路较为平坦，因此，借助于区域增长法可以很好地完成提取工作。相对于道路地物要素，植被要素尤其是树木的结构更复杂。树木由树干和树冠两部分组成，这两部分点的空间分布差异极大，树干近似于杆状，而树冠的空间分布杂乱无章。城市点云数据不但包含众多不同类型的要素，而且数据采集时的多种原因会导致出现离群点的现象。这些都给城市树木的提取工作带来难度，目前难以用一个简单的方法直接从 MLS 数据中提取树木。

本章在分析城市地物空间特征的基础上，基于"逐级剥离、分层鉴定"的思想提出一种城市行道树提取方法。其主要原理是，先对不同类型非树木点的特性进行分步骤剔除，再针对不可再分的剩余点，按其在垂直空间的分布规律进行行道树提取。该方法通过统计点的邻域数据将离群点剔除，通过水平投影、划分格网的方式分离出地面点，基于欧氏聚类的思想将散乱点剔除，依据树木与其他点法线方向的差异性去除建筑物等规则分布的点。在此基础上对剩余点簇构建体素，并按照自下而上的层次，分析树干、树冠、低矮地物、剩余地面点等要素的变化规律，实现对剩余非行道树点的剥离，完成城市行道树的提取，具体流程见图 7-1。

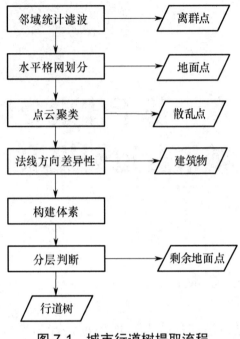

图 7-1 城市行道树提取流程

7.2 行道树点云数据粗分类

基于体素分层的城市行道树提取，首先要对源点云数据进行粗分类，以将绝大部分非行道树点去除，并构建候选树木点，流程包括离群点剔除、地面点分离、点云聚类和候选点簇构建等。

7.2.1 离群点剔除

在点云数据采集过程中，受环境、采集仪器和采集对象等因素的影响，点云数据集中可能存在离群点，如图 7-2 所示，在城市点云数据集的下方出现两条由离群点组成的直线。需要首先剔除这些离群点，否则会给分离地面点的工作带来一定困难。目前，剔除离群点常见的方法有邻域距离统计和邻域数量统计两种，计算公式分别如下：

$$p_i = \begin{cases} \text{True}, & \dfrac{1}{n}\sum_{j=1}^{n}\left\| p_i - p_j \right\| > d_{\sigma} \\ \text{False}, & \text{其他} \end{cases} \tag{7-1}$$

$$p_i = \begin{cases} \text{True}, & N_n > N_{\sigma} \\ \text{False}, & \text{其他} \end{cases} \tag{7-2}$$

式中，p_i 表示第 i 个点，p_j 表示点 p_i 的第 j 个邻域点，n 表示点 p_i 的邻域点数量，d_{σ} 为平均距离的阈值，N_n 为点 p_i 的邻域点数量，N_{σ} 为邻域点数量的阈值，True 和 False 分别表示该点的保留和剔除。

上述两种方法大体上较为类似，一旦某点与邻域点的平均距离超过阈值或邻域点数量超过阈值，即认为该点不是离群点并予以保留，否则认为其是离群点并剔除。

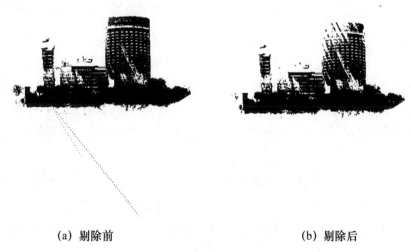

(a) 剔除前　　　　　　　　　　　　(b) 剔除后

图 7-2　离群点剔除

从图 7-2 可以看出，位于地面点下方的离群点基本被剔除。地面点上方的建筑物部分点也被误认为是离群点而剔除，这是因为城市点云数据大多是激光扫描仪安装在移动车辆上采集而来的，激光扫描仪以一个固定的间隔角度发射信号，离仪器越远则点间距越大，这就导致高建筑物上的点有可能被剔除。尽管如此，由于城市行道树离地面很近，基本不会出现树木点被剔除的现象，因此，采用本节的方法剔除离群点不影响行道树的提取结果。

7.2.2　地面点分离

离群点剔除后基本排除了数据采集阶段出现的异常值点，接下来可以分离地面点和非地面点。地面点主要指包括道路在内的低矮地物上的点，非地面点则包括树木、建筑物、路灯、广告牌等位于地面之上的人工要素。由于两种类型的点在局部范围内高程差较大，即非地面点明显高于地面点，因此可以从点之间的高程差入手进行地面点的分离。

首先将点集中的所有点投影到 xOy 平面上，再根据平面上点的范围划分格网，如式（7-3）和式（7-4）所示。

$$\begin{cases} p_i = (\text{Row}_i, \text{Column}_j) \\ \text{Row}_i = (y_i - y_{\min})/d_{\text{grid\_}y} \\ \text{Column}_j = (x_i - x_{\min})/d_{\text{grid\_}x} \end{cases} \tag{7-3}$$

$$\begin{cases} d_{\text{grid\_}y} = (y_{\max} - y_{\min})/N_{\text{grid\_}y} \\ d_{\text{grid\_}x} = (x_{\max} - x_{\min})/N_{\text{grid\_}x} \end{cases} \tag{7-4}$$

式中，Row_i 和 Column_j 分别表示点 p_i 所在格网的第 i 行和第 j 列，x_i 和 y_i 表示点的坐标，$x_{\max}$、$y_{\max}$、$x_{\min}$ 和 $y_{\min}$ 分别表示点集中的点在 xOy 平面上的最大值和最小值，$d_{\text{grid\_}x}$ 和 $d_{\text{grid\_}y}$ 分别表示在两个坐标方向单位格网的长度，$N_{\text{grid\_}x}$ 和 $N_{\text{grid\_}y}$ 分别表示在两个坐标方向划分的格网数。

如图 7-3 所示，经过格网划分后，点集被拆分成若干个规则格网。可以看出，地面点所在格网中点的高程差较小，非地面点的高程差较大。因此，通过对比每个格网中点的高程差，可以初步将地面点筛选出来并剔除，公式如下：

$$H_{i,j}^{\max} - H_{i,j}^{\min} < \Delta H \tag{7-5}$$

式中，$H_{i,j}^{\max}$ 和 $H_{i,j}^{\min}$ 分别为第 i 行、第 j 列格网中高程差最大的点，ΔH 为设定的高程差阈值。一旦满足式（7-5），则认为位于第 i 行、第 j 列的格网中所有点均为地面点。

由于格网划分是基于水平投影进行的，因此一些位于非地面点要素垂直下方的地面点无法剔除，这些地面点将在后续步骤中进行识别和剔除。

(a) 格网划分　　　　　　　　　　　(b) 地面点分离结果

图 7-3　地面点分离

7.2.3　点云聚类

从图 7-3 中的（b）可以看出，经过地面点分离的点集被拆分成多个不连续的区域，因此，可以利用聚类算法将连续区域合并成同一簇，每一簇作为地物类的基本单元，并根据不同地物点的法向量的差异性进行区分。

点云聚类算法很多，而地面点与非地面点的分离是基于格网判断的，因此，不连续区域在水平面上的距离至少是一个单元格网的长度。这种情况下，基于距离的聚类算法较为适用，本节采用欧几里得聚类（欧氏聚类）算法对非地面点进行分类。具体步骤如下。

Step1：从点集中随机选取一个点并将其归为第 i 类；

Step2：以该点为圆心构建半径为 r 的球体，将落入球体内的所有点添加到与球心点相同的类中；

Step3：依次将球体内的其他点作为球心，并执行 Step2；

Step4：如果第 i 类不再有新的点添加进来，则从剩下的点中随机选取一个点并归为第 $i+1$ 类；

Step5：重复以上步骤，直到所有的点都被分配完毕。

经过上述步骤后，所有的非地面点均被分配到各自的簇（类）中。可以肯定的是，每个簇的点数多少不一，因为存在非行道树的零散点。由于行道树的点离地面的距离适中，在综合考虑单棵行道树的大小以及采样密度的情况下，设置一个针对所有簇中点数的阈值，点数小于该阈值的簇必然不是行道树，反之则有可能是行道树。

图 7-4 为滤波后的聚类结果。相对于图 7-3（b），经过阈值滤波的聚类不但剔除了部分离散的非行道树点，而且剩余的点集也被划分成有限的簇。保留下来的点簇中主要包括行道树、建筑物、路灯杆以及部分位于行道树垂直下方的地面点。接下来的工作主要是实现建筑物等要素的分离。

图 7-4　非地面点滤波后的聚类结果

7.2.4　候选点簇构建

点云数据是沿道路采集而来的，因此建筑物、独立木杆等地物的点主要表现为立面信息，其点的分布在垂直方向上近似于平面或柱体；而行道树的点则主要呈现不规则性。地物点分布的这两种不同可以通过它们的法线方向来进行区分，方法如下：先计算各簇中每个点的法线方向（法向）与水平面的角度 [法向角，见式（7-6）]，再统计各簇的平均角度 [见式（7-7）]，最后通过设定一个角度阈值来判断各个簇属于哪一种地物 [见式（7-8）]。

$$\theta_i = \arcsin\left(\frac{\boldsymbol{n}_{i_z}}{\sqrt{\overrightarrow{n_{i_x}}^2 + \overrightarrow{n_{iy}}^2 + \overrightarrow{n_{i_z}}^2}}\right) \tag{7-6}$$

$$E_\theta = \frac{1}{k}\sum_{i=1}^{k}\theta_i \tag{7-7}$$

$$\begin{cases} E_\theta \geqslant \Delta\theta, \text{ 树木等不规则地物} \\ E_\theta < \Delta\theta, \text{ 规则地物} \end{cases} \tag{7-8}$$

在式（7-6）中，θ_i 为每个簇中第 i 个点的法向角，$\boldsymbol{n}_{ix}$、$\boldsymbol{n}_{iy}$ 和 $\boldsymbol{n}_{iz}$ 分别为该点法向的三个向量，E_θ 为每簇的平均夹角，k 为每簇中的点数。由于建筑物等地物点的法线方向大多与水平面平行，而行道树点的法向则散乱不规则，因此设定

一个角度阈值 $\Delta\theta$，当 E_θ 小于 $\Delta\theta$ 时，该簇为建筑物、立杆等规则地物，反之则为树木等不规则地物。图 7-5 为行道树候选点簇的初步提取结果。

　　从图 7-5 中的（a）可以看出，经过法向角阈值的过滤，图 7-4 中的规则地物基本得以剔除。而对于图 7-5 中的（b），提取的行道树候选点簇中还包括广告牌、路灯以及行人等其他类型的点。原因是，这些类型的地物点和行道树，或者交叉混合在一起，或者位于行道树的垂直下方，基于水平投影等方法无法有效将其分离。关于如何从行道树点云簇中剔除其他地物并提取单棵行道树的内容，详见 7.3 节。

(a) 行道树提取总览图　　　　　　　　　(b) 行道树提取局部图

图 7-5　行道树候选点簇的初步提取结果

7.3　行道树精细提取

　　在完成候选点簇构建的基础上，可以进行行道树的精细提取。本节采用点云分层体素的思想，利用行道树在不同层级的水平剖面形状进行分层判断，完成行道树的精细提取。

7.3.1　基本思想

　　7.2 节通过地面点分离、点云聚类以及法向角等方法，实现了离群点、地面点、散乱点以及规则地物等要素的分离，大体来说，这些方法主要从水平层面上进行分离。然而，如果其他非行道树点满足两个条件时，则这些非行道树要素的点无法被分离，一是这些点的水平投影结果与行道树点出现重合；二是两者在三维空间上具有一定的连接甚至混合交叉。基于此，本节提出基于分层鉴定的方法，以簇为单位，将每簇中的点按照高程进行分层，通过分析不同要素的空间特征及其差异性进行要素分离以及行道树的精细提取。

在 7.2 节的提取结果中，不同要素在空间上具有一定的差异性。行道树由树干和树冠两部分构成，树干部分的水平面直径小于树冠，且两个部分的点是连续的；而人、汽车等要素能够在该环节仍然保留的唯一原因是它们位于树冠的正下方，从垂直层面看，两者中间存在一定的空间。因此，从垂直方向的连续性即可排除较为矮小且与树不连续的要素。路灯、广告牌等要素能够保留，大多是因为其与树冠混合在一起，但其与树冠的中心有较大偏移，而树干则位于中心位置。剩余地面点与树干的差异性更大，其水平剖面远远大于树干，同时，连续地面点的层高有限，远远小于行道树的层高。最为关键的是如何处理树冠交叉的情况。一般来说，树冠的外形近似于球体表面的一部分，当两个树冠交叉时，从水平剖面看，该层的点必然相连接，而当层高上升到一定高度时，其水平剖面相分离。因此，可以通过临界点来拟合两个树冠的界线。

7.3.2 点云体素化

为更方便地组织点云数据同时尽可能简化数据集，将候选点簇进行体素化处理。主要思想如下：首先，将每簇的点云划分为三维格网，如果某个三维格网内的点数为零，则该格网剔除；其次，保留下来的格网（称为体素）用一个近似点代替，该点的坐标值为格网的中心；再次，将所有的体素按照高程由低到高进行层的划分，高程相同的体素位于同一层。具体公式如下：

$$\begin{cases} V = \left\{ V_i(L,R,C) \middle| V_i(L,R,C) = \langle p_{i1}, p_{i2}, \cdots, p_{ik} \rangle \right\} \\ L = ((z_{ik} - z_{\min})/\Delta v, \ R = (x_{ik} - x_{\min})/\Delta v, \ C = (y_{ik} - y_{\min})/\Delta v \end{cases} \quad (7\text{-}9)$$

式中，V 表示体素集合，p_{ik} 为第 i 个体素中的第 k 个点，x_{ik}、y_{ik} 和 z_{ik} 表示点 p_{ik} 的坐标，Δv 为单元体素的长度。

将候选点簇进行体素化处理后，在三维空间中，不规则分布的点全部变成规则分布，这给后期精细提取带来一定的便利，图 7-6 显示了点云体素化处理的情况。可以看出，体素化处理后的点簇不但数量减少，而且体素在三维空间上的分布也非常规则。

在体素集合中，L 表示体素所在的层，R 和 C 表示水平面上的行和列。两个体素的 R 和 C 序号相同，表明这两个体素一定位于同一投影水平面上的不同层。同样，当 L 的序号一致时，表明其位于同一层的不同位置。按照自下而上的顺序，每次针对同一层的体素进行聚类并计算出各类的边界，对比分析相邻两层的各个类在水平投影上是否有重叠，再根据不同地物的增长特点对其加以区分，进而实现单棵行道树的精细提取。

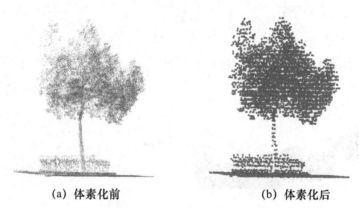

(a) 体素化前　　　　　　　　　　(b) 体素化后

图 7-6　点云体素化处理

7.3.3　精细提取算法

（1）垂直生长判定

本算法从最底层开始由下而上进行判断。首先对每一层的体素进行聚类分析，求解出每个类的边界，通过对比分析相邻两层的类在横截面上是否重合，决定该类是否继续生长，公式如下：

$$\alpha_{C_j}^{i} \bigcap \alpha_{C_k}^{i+1} \neq \phi, \; V_{C_j}^{i} \rightarrow \alpha_{C_j}^{i}, V_{C_k}^{i+1} \rightarrow \alpha_{C_k}^{i+1} \tag{7-10}$$

式中，$V_{C_j}^{i}$ 表示第 i 层的第 j 类，$V_{C_k}^{i+1}$ 表示第 $i+1$ 层的第 k 类，$\alpha_{C_j}^{i}$ 和 $\alpha_{C_k}^{i+1}$ 分别表示第 i 层、第 j 类和第 $i+1$ 层、第 k 类的体素在横截面的范围。只有当相邻层的两个类在横截面上出现交集时，才认为这两个类具有是同一棵树的可能性，图 7-7 显示了不同地物要素的横截面。

（2）地面点的分离

这里的地面点是指在 7.2.2 节中未被分离出的地面点，这些点都位于较低的层，且在同一层中，地面点构成的区域面积较大。单棵树由上部分的树冠和下部分的树干组成，且两部分相互连接。按照自下而上的判断顺序，行道树最先被检测到的部分一定是树干。而实际情况中，极有可能是地面点先被检测到，因此需要对两者加以区分，同时将地面点剔除。对比树干和地面点在横截面上的区域面积，两者具有极大的差异，因此可以通过设置面积阈值进行区分。当某个类的区域面积大于设定的阈值时，则认为该类不属于树干并予以剔除，公式如下：

$$S_{C_j}^i > \Delta S_{\text{trunk}} \tag{7-11}$$

式中，$S_{C_j}^i$ 表示第 i 层、第 j 个类的区域面积，ΔS_{trunk} 表示为与树干区分而设定的面积阈值。

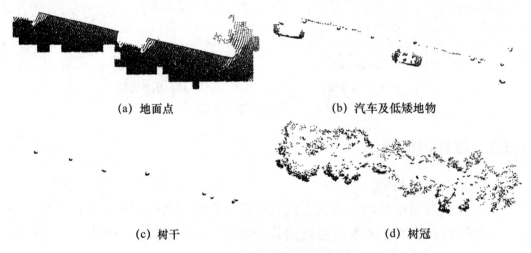

(a) 地面点　　　　　　　　　(b) 汽车及低矮地物

(c) 树干　　　　　　　　　(d) 树冠

图 7-7　不同地物要素的横截面

当从最底层开始判断时，连续的地面点最先被搜索且满足式（7-11），所以所有的地面点均被剔除。需要说明的是，当监测的层到达树冠部分时，其区域面积也远大于树干部分。如果每一层都用式（7-11）来判断，则树冠也会被误认为地面点。考虑到树冠与地面点在垂直方向上还有一段较大的空白区域，因此可以设定一个终止机制。终止机制如下：若第 i 层所有类的区域面积均不满足式（7-11），则不再执行该判定。

（3）树干与低矮地物的区分

地面点被分离后，点簇中剩下的体素只有树、立杆以及低矮地物。低矮地物主要包括灌木丛以及位于树冠下方的行人、车辆等，这类要素最大的特点是与树冠相离，而树干部分则表现得明显不同，是持续生长的，并最终与树冠连接在一起。因此，树木与低矮地物主要是在垂直生长过程中的变化情况加以区分的，如图 7-8 所示。在自下而上的判断过程中，如果某个类在第 i 层有体素点，而在第 i+1 层突然出现空值，则该类在第 i 层及其向下的其他层组成的地图有可能是低矮地物。公式如下：

$$V_{C_j}^i \neq \phi \bigcap V_{C_j}^{i+1} = \varnothing \tag{7-12}$$

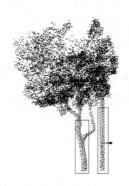

(a) 树干与低矮物　　　　　　(b) 树干与立杆

图 7-8　树干与低矮物、立杆的区别

这种情况不是唯一的。树冠顶部向上的层也是空的，如果仅使用式（7-12）来做区分工作，则会将整个树的要素剔除出去。针对低矮地物和树冠顶部都会出现上一层为空的现象，对比两者的差异性可以发现，低矮地物顶部的上一层虽然为空，但向上到一定的层时又会出现不为空的情况，而树冠顶部则不再有任何遮挡体素。因此，当第 i 层、第 j 类满足式（7-12）时，先对其进行保留，仅当出现第 i+k（$k >1$）层、第 j 类不为空的情况时，才判定该类为低矮地物，式（7-12）修改如下：

$$V_{C_j}^i \neq \phi \bigcap V_{C_j}^{i+1} = \phi \bigcap V_{C_j}^{i+k} \neq \varnothing \tag{7-13}$$

（4）树冠识别与拆分

经过式（7-11）和式（7-13）的过滤后，剩余体素中仅有树干、树冠以及混于其中的立杆等要素。本阶段主要对树冠进行识别，而对树干和立杆则不进行判定，统一默认为树干，具体区分在下一步骤中完成。在自下而上的判定过程中，在这一阶段仍然存在的体素类必定符合式（7-10），而每向上增加一层，满足式（7-10）新的体素类自动与下一层合并，直到满足如下条件：

$$S_{C_j}^{i+1} - S_{C_j}^{i} > \Delta S_L \tag{7-14}$$

式中，$S_{C_j}^{i}$ 和 $S_{C_j}^{i+1}$ 分别为第 i 层和第 $i+1$ 层、第 j 类的区域面积，ΔS_L 为基于层的面积阈值。树冠与树干的横截面积差距很大，因此，一旦满足式（7-14）的体素类被判定为树冠，树干的合并即停止，树冠增长开始。

在城市行道树中有一种较为特殊的情况，即相邻两棵树的树冠部分可能交叉在一起，这给单棵树的提取带来一定难度。考虑到树冠的空间形状类似于一个向上的凸包，即便两棵树的树冠交叉，当垂直向上到一定高度后，其水平截面还是会分离。因此，交叉树冠的判定原则是，当垂直生长一个特定层时，存在下一层的某体素类与两个以上的上一层体素类同时满足式（7-10）。具体如下：

$$\begin{cases} \alpha_{C_j}^{i} \bigcap \alpha_{C_k}^{i+1} \neq \varnothing \\ \alpha_{C_j}^{i} \bigcap \alpha_{C_{k+1}}^{i+1} \neq \varnothing \end{cases} \tag{7-15}$$

式中，$\alpha_{C_j}^{i}$ 表示第 i 层、第 j 类的体素在横截面内的范围，$\alpha_{C_k}^{i+1}$ 和 $\alpha_{C_{k+1}}^{i+1}$ 分别表示第 $i+1$ 层、第 k 类和第 $k+1$ 类的体素横截面范围。当上一层超过 1 个的体素类与下一层同一个体素类有交集，即满足式（7-15）时，可以认为存在两个以上的树冠相互交叉，为此需对其进行拆分。

分别计算第 $i+1$ 层两个体素类在当前横截面内的中心点 $P_0(x_0, y_0)$ 和 $P_0'(x_0', y_0')$，连接两点，作直线与两个体素类的边界线分别相交于点 $P_1(x_1, y_1)$、$P_1'(x_1', y_1')$。线段 $P_1 P_1'$ 与其垂直平分线构成的平面即为两个树冠的分割线，如图 7-9 所示。分割平面的公式如下：

$$y = \frac{x_1 - x_1'}{y_1 - y_1'} \cdot \left(x - \frac{x_1 + x_1'}{2} \right) + \left(y - \frac{y_1 + y_1'}{2} \right) \tag{7-16}$$

当前层树冠点的 y 坐标小于或等式式（7-16）所得结果时，分别归为不同的树冠。需要说明的是，树冠的拆分仅针对两个以上树干的情况。即，下一层的树冠如果仅拥有一个树干，则上述计算不予考虑。

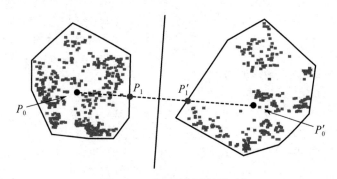

图 7-9 交叉树冠的分割

（5）立杆剔除

一旦单棵树的树冠被识别，树干与立杆的区分就较为容易。首先需要判断每个树冠下是否有一个以上的"树干"：计算树冠与"树干"在横截面上的重叠个数，重叠个数大于 1 则表明存在一个以上的"树干"，需要剔除立杆，否则将树冠与树干合并。计算重叠个数时分别计算树冠与"树干"的中心，与树冠中心最近的要素类被判定为树干，其余"树干"为立杆，予以剔除。

（6）算法实现

表 7-1 给出本节的算法。

表 7-1 基于体素分层的行道树提取算法

输入：	
$\{P\}$：每个簇的点集	
ΔS_{trunk}：面积阈值	

参数：	$\{Crown\}$：树冠体素类集合
$\{V(L,R,C)\}$：每个簇的体素集合	$\{Ground\}$：地面体素类集合
$\{V_i\}$：第 i 层体素集合	$\{Low\}$：低矮地物体素类集合
$\{V_i^j\}$：第 i 层、第 j 个体素类	$\{Tree\}$：行道树体素类集合
S_i^j：第 i 层、第 j 个体素类面积	$Center_t$：树干中心
a_i^j：第 i 层、第 j 个体素类水平位置	$Center_c$：树冠中心
$\{Trunk\}$：树干体素类集合	$Distance$：树干中心与树冠中心的距离

算法：

构建体素 $\{P\} \rightarrow \{V(L, R, C)\}$

```
for(i=0; i<L; i++)
    体素聚类: V_i→{ V_i^j }
    for(j=0; j<第 i 层的类数; j++)
    V_i^j→S_i^j
        if(i=0)
            if(S_i^j > ΔS_trunk)
                V_i^j→{Ground }
            else
                V_i^j→{Trunk}
            endif
        else
            V_i^j → α_i^j
            if(S_i^j > ΔS_trunk)
                for(k=0;k < {Low}集合数; k++)
                    {Low_i} → α_{i-1}^k
                    if(α_i^j ∩ α_{i-1}^k ≠ φ)
                        {Low} → {Low_i}
                    endif
                endfor
                for(k=0;k < {Trunk}集合数; k++)
                    {Trunk_i} → α_{i-1}^k
                    if(α_i^j ∩ α_{i-1}^k ≠ ∅)
                        V_i^j → {Crown}
                    endif
                endfor
            V_i^j→{Ground }
```

```
        else
            for(k=0;k < {Trunk}集合数; k++)
                {Trunk_i} → α_{i-1}^k
                if(α_i^j ∩ α_{i-1}^k ≠ φ)
                    V_i^j+{Trunk_k}→{Trunk_k}
                break
                end if
            end for
        end if
    end if
end for
if(α_{i-1}^k 出现交集超过 2 次)
        α_i^j→Center_i^j
        α_i^{j'}→Center_i^{j'}
        (Center_i^j, Center_i^{j'})→ 拆分平面
        {Crown_i}→{Crown_i}^j+{Crown_i}^{j'}
endif
end for
for(k=0; k < {Crown}集合数; k++)
    {Crown_k}→Center_c
    for(l=0; l<{Trunk}集合数; l++)
        {Trunk_l}→Center_t
        Center_c + Center_t →Distance
        if(Distance=min)
            {Crown_k}+{Trunk_l}→{Tree}
        end if
    end for
end for
```

输出：

`{Tree}`

7.4　基于体素分层的行道树提取分析

　　本节以实测的城市点云数据为例，通过实验分析基于体素分层思想的行道

树提取结果，并就参数影响与结果精度进行系统讨论。

7.4.1　实验结果

实验选用采集自南京市奥体中心附近的 MLS 数据集，提取前的原始数据见图 7-10 中的（a）。该数据集中，行道树以及它与其他地物要素的空间分布关系类型较为丰富，既包含独立的行道树，也包含多个树冠相互融合的情况，既有车、人、灌木等低矮地物位于垂直于树的正下方，也有杆状人造物与同一树干交叉的现象。图 7-10 中的（b）为行道树提取的结果，其中，黑色点云为非行道树要素，彩色点云为提取出的行道树，每棵行道树用不同的颜色进行标记。

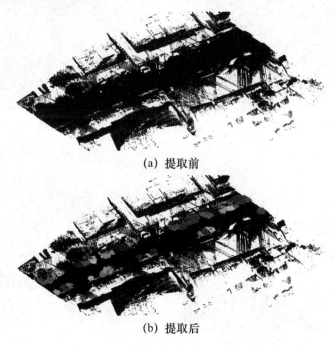

(a) 提取前

(b) 提取后

图 7-10　行道树提取及结果

图 7-11 为行道树提取结果的局部视图。可以看出，行道树能够与其他地物要素进行较好的区分。当行道树相互独立且无交叉时［见图 7-11 中的（a）］，提取的效果最好，这是因为树冠部分受其他要素干扰，且树冠的空间分布规律明显。当行道树正下方有汽车、行人等低矮地物时［见图 7-11 中的

（b）］，垂直方向间隔出现一段空白区域，也能够得到较好的分割。树干与路灯杆、广告牌等要素［见图 7-11 中的（c）］的区分效果也较为明显，依据中心距离的判定可以排除杆状要素。当多个树冠重叠时［见图 7-11 中的（d）］，依据树干约束规则能够识别出树的数量，但受交叉影响，单棵行道树的树冠点识别存在一定的误差。

(a) 单棵行道树　　　　　　　　　　(b) 行道树与汽车

(c) 行道树与路灯杆、广告牌　　　　　(d) 树冠重叠

图 7-11　行道树提取结果的局部视图

7.4.2　参数分析

（1）行道树粗分类

在行道树粗分类环节，离群点剔除、地面点分离、点云聚类以及点簇构建

等过程，均涉及不同参数阈值的设定。离群点剔除通过统计邻域点数进行点云滤波，其邻域半径 r 以及邻域点数阈值 N_σ 对滤波的结果均有影响。N_σ 与 r 的比 N_σ/r 对滤波结果起决定作用，其近似于点的密度。阈值的设置应适中。比值 N_σ/r 过小，离群点有可能剔除不干净，过大则会剔除掉一些非离群点，如建筑物、树冠等分布较为稀疏的点。该环节的目的是确保后续格网划分时地面点的格网尽可能"干净"，因此，该环节的参数应设置得尽可能小一点。原因是，一方面，即便离群点剔除得不干净，仍然可以通过后续步骤来剔除；另一方面，阈值过大会增加邻域统计的计算复杂度。在本书中，r 设置为5 倍采样密度，N_σ 设置为 4。

地面点分离采用先划分格网后判断高程差的方法，因此格网的大小 d_{grid_x}、d_{grid_y} 以及高程差 ΔH 在理论上对结果均有一定的影响。格网的大小决定了地面点分离的精度，单元格网的取值原则是，在将树冠不交叉混合的行道树分割开的基础上，格网越大越好。格网划分的计算复杂度是 $O(n^2)$，因此，格网大小对效率的影响非常大，分割行道树是为了减少后期精细提取的工作量，即便是多个树木没有分割开，对结果也不会有决定性的误差影响，因此，格网的阈值应尽可能设得稍大，以减少本环节的运行时间。本章中，d_{grid_x} 和 d_{grid_y} 均设置为 1m。ΔH 直接决定哪些格网作为地面点被剔除，这里主要是将包含行道树点的格网与其他地面点格网分离。考虑到道路中可能出现车辆、行人等现象，为将两者分离，ΔH 设置为 2m。

点云聚类是通过搜索半径 r_c 范围内将相互靠近的点聚合为簇，因此，r_c 对聚类的结果也会产生影响。当 r_c 值较小时，只有密集的点才能被聚合，这种情况有可能导致部分树冠点被剔除。随着 r_c 值的增加，每个类聚合的点数逐渐增加，而当其超过树冠的最大间距同时小于行道树之间的距离时，聚合效果最佳，聚类结果趋于稳定。而后，随着 r_c 值的再次增加，分类数开始减少，可能出现多个行道树或其他要素被合并到同一类的现象。由于最终目的是提取行道树点，因此 r_c 值的最佳范围是小于相邻行道树的间距且大于树冠点的密度。本书中，r_c 的取值为 0.8m。

行道树候选点簇构建用于剔除建筑物等分布较为规律的要素，主要判定原则是簇中所有点法向角的平均值 E_θ。建筑物的法向角均值较小，大都在几度以内，而行道树法向角较为散乱，其均值大都超过 45°。因此，两者的区分较为明显，本书的 E_θ 取值为 45°。

（2）行道树精细提取

行道树精细提取是重要环节，直接决定着提取结果的好坏。该环节将点云数据进行体素化构建，并依据每层体素在横截面上的变化规律进行判断。在此过程中，体素格网大小、地面点面积判定阈值，以及树冠与树干的面积差阈值等，都会直接影响最终结果。

点云体素化构建是为了将无序的点云简化成规则格网分布的体素，为后期分层判定提供便利。单元体素的长度 Δv 决定了行道树点簇的精度，理论上，Δv 值越小，精度越高。然而，行道树主要由树干和树冠组成，树干横截面较小且它的点分布较为规则，而树冠的横截面较大且它的分布散乱，如果 Δv 值过小，则树冠点有可能被分成碎片，同时，体素数量的增加也会增加算法的运行时间。因此，Δv 的取值原则是，在保证树干不大于树干半径的前提下，取值越大越好。本书中，Δv 取值为 0.2m。

地面点面积判定阈值 ΔS_{trunk} 用于树干点与地面点的区分。经过前面多个步骤，剩余的地面点大都位于行道树正下方。从水平投影来看，其横截面面积不超过树冠的最大横截面面积，因此，理论上，ΔS_{trunk} 值可以在大于树干且小于树冠面积的范围内。考虑到城市路面有时并不总是绝对水平的，路面会出现稍许起伏，导致同一层横截面的面积可能变小。因此，ΔS_{trunk} 取值可向树干横截面面积值偏移。本书中，ΔS_{trunk} 值取直径为 1m 的树干横截面面积，即 π 平方米。

树冠检测的面积阈值 ΔS_L 用于判定树干与树冠的相接部位。若 ΔS_L 过小，则出现枝干的层可能被误认为树冠，反之，部分树冠可能被误认为树干。实际上，树冠的横截面面积远大于树干，因此两者之间的区分度较为明显。鉴于 ΔS_{trunk} 值取 π 平方米，这里 ΔS_L 值取 2π 平方米，即，只要上一层横截面面积比下一层大 2π 平方米，即认为上一层为树冠。

总体来说，行道树粗分类环节的作用是尽可能将非行道树点云剔除，即便该环节的相应参数选取没有达到最佳效果，只要能确保树干和树冠上的点没有被提取出，对最终行道树提取的结果影响也是有限的。因为在下一阶段的行道树精细提取环节中，总能够通过树木点在垂直方向上的变化趋势来区分非树地物。不过，这阶段所得结果精度高，对下一阶段的工作总是有利的，可以降低算法在运行过程中的复杂度，提高运行效率。行道树精细提取环节相对更重要，三个参数对最终结果起决定作用，且参数阈值的设定应适中，过大或过小均会降低精度。幸运的是，树干与地面或树冠的横截面之间差异较大，阈值的设定有一个较大的适用范围，该方法整体较为稳定。

7.4.3　精度分析

通过目视判读方式对实验数据中的行道树数量进行估算，其结果为 40，而基于本章方法提取的行道树数量为 39，行道树的数量提取精度为 97.5%。观察发现，漏判的行道树的树冠点分布与其他树冠具有一定的区别，图 7-12 中的（a）显示了原本两棵树被提取为一棵树的情况。造成这一漏判现象的主要原因是，这两棵树中，一个树冠较高而另一个树冠较矮，两个树冠紧挨在一起，导致其空间分布只有一个冠顶，因而算法无法检测。其余行道树均被正确识别。在树冠点提取中，当行道树独立分布时，结果良好，除少部分离散点外均能正确识别；而当多棵树分布较为密集且树冠部分交叉混合较为严重时，树冠点的归属判定无法得到保证。如图 7-12 中的（b）所示，树冠点仅通过冠顶的位置进行简单分割。

(a) 树干漏判　　　　　　　　　　　(b) 树冠误判

图 7-12　行道树错误提取示意图

　　总体来说，本章提出的行道树提取方法在识别行道树数量上具有较高的精度，而在出现树冠混合交叉的情况下，树冠点归属提取精度较低。但在行道树独立分布时，树冠点的精度也能够保证。本章的方法尤其适用于城市行道树独立分布的提取工作。

本书结束语

本书主要研究激光点云数据预处理以及城市主要地物要素全自动提取技术。本书的创新点和贡献总结如下。

（1）给出了 ICP 算法在点云数据配准中的有效性范围

针对 ICP 算法可能陷入局部最优解的问题，从可能引起该问题的三个参数（点云数据集的重合度、角度和距离）入手，重点分析不同阈值设定下 ICP 算法的运行结果，通过对合成点云、深度点云、立体像对点云以及激光点云 4 种数据集的实验验证，给出 ICP 算法在角度、距离以及角度–距离方面的通用有效性范围。该项工作可以为点云数据配准过程中是否需要增加全局配准环节提供依据，即，处于有效性范围内的两个点云数据集可以直接用 ICP 算法进行配准，而若超出该范围，则须在执行 ICP 算法之前进行全局配准。

（2）优化了同名点对搜索策略

在点云配准中，针对同名点对搜索环节，提出一种基于初始 4 点对（FIPP）的优化方法，其在不需要 ICP 算法精细配准的情况下，仅通过一次配准即能达到与 ICP 算法配准精度相近的结果。该算法利用快速点特征直方图（FIPP）提取点集中具有显著特征的点，针对这些特征点，从目标点集中随机选取均匀分布的若干点，在此基础上随机选取 4 个点构建其候选点集，再利用距离、特征和位置的约束关系进行同名点的匹配。4 个点对匹配成功后再进行新增点对的添加，最终得到参与计算变换矩阵的点对数。实验证明，FIPP 算法在 5 种不同类型点云数据集中均取得良好的配准结果。

（3）提高了点云特征描述子的计算效率

针对目前点云特征描述子的最佳算法复杂度为 $O(kn)$ 的问题，提出用点云颜色信息替代传统特征描述子实现更快速的点云配准方法（RGB-FIPP）。通过颜色滤波剔除点集中颜色分布较少的点，设定一个颜色容差阈值并构建基于颜色的候选点集，利用改进的 FIPP 算法进行同名点对搜索以此完成全局配准，最后通过 ICP 算法实现点云的精细配准。该算法用颜色信息作为点云的特征表述，其算法复杂度为 $O(n)$，远优于传统特征描述子。实验证明，RGB-FIPP 算法在速度上比 FIPP 算法更优。

（4）城市道路要素的全自动提取

针对从 MLS 数据中自动提取城市道路要素这一问题，提出一种基于区域增长法的道路提取方法。该算法基于高斯曲率、高程以及邻域点数三个约束条件选取初始种子点，并依据种子点所在切平面与邻域点的夹角阈值（TA）设定道路增长的判定原则，同时针对多条不连续道路给出处理策略，进而实现城市道路的全自动提取。此外，针对该算法中出现的各参数进行详细讨论，给出能够取得稳定的、高精度的参数阈值范围。该算法在 5 种不同类型的道路中得到很好的验证，其 Kappa 系数均在 90%以上。

（5）基于体素分层的行道树提取

考虑到城市行道树点云空间分布的复杂性，按照逐级分离的方法，分别通过点云滤波实现离群点剔除、通过格网划分实现地面点分离、通过点云聚类实现离散点分离、通过法向角实现建筑物点分离，剩余点以簇的形式聚合；然后通过体素化将点云原有的散乱分布转换成规则分布，自下而上，按照树在垂直方向上与其他地物的变化差异进行精细区分，最终提取出城市行道树。实验表明，该方法能够实现对树木的识别，在树木数量识别方面具有较高的精度，但在复杂场景下对点的归属判定有一定的局限性，仍有改进空间。

本书以激光点云数据为研究对象，试图解决点云数据的预处理及城市地物要素的全自动提取问题，虽然在数据预处理和地物要素提取两个阶段工作中提出了一些新的算法，如 FIPP、RGB-FIPP、基于 TA 值的区域增长等，但仍存在一些不足，还有许多工作需要进一步探索。

后续工作将从以下几方面进行尝试。

第一，基于边缘线约束的道路提取。本书采用的道路提取主要基于区域增长法，该方法能够以较高精度提取出城市道路，但在一些道路边缘较为模糊的区域提取效果不理想，下一步，可以考虑在此基础上增加道路边缘线的提取与拟合，并以此作为道路的边界约束，争取获得更高的提取精度。

第二，基于 MLS 数据的建筑物提取。MLS 数据中对建筑物的采集并不完整，例如，缺少顶部信息，点离地面越远采样密度越低，以及出现部分遮挡等。然而，从这些不完整点云中提取出建筑物的高度、平面位置以及建筑物的分隔等信息具有一定的意义。下一步考虑针对建筑物要素进行识别与提取。

第三，城市精细要素的提取。城市中除了道路、树木和建筑物，还有很多较为精细的要素，如车辆、路灯、道路指示牌、草地等，这些精细要素对城市的规划与管理、车辆导航等具有重要作用。下一步，拟对这些精细要素进行识别与提取。

参 考 文 献

[1] Adams, R. and Bischof, L. Seeded region growing [J]. IEEE Transactions on Pattern Analysis & Machine Intelligence, 1994, 16(6):641-647.

[2] Aiger, D., Mitra, N. J., and Cohen-Or, D. 4-points congruent sets for robust pairwise surface registration [J]. ACM T GRAPHIC, 2008, 27(3):85-94.

[3] Alexander, C. Delineating tree crowns from airborne laser scanning point cloud data using Delaunay triangulation [J]. International Journal of Remote Sensing, 2009, 30 (14):3843-3848.

[4] Amenta, N. and Bern, M. Surface reconstruction by Voronoi filtering [J]. Discrete & Computational Geometry, 1999, 22(4):481-504.

[5] Bae, K. H. and Lichti, D. Automated registration of unorganized point clouds from terrestrial laser scanners [J], in International Archives of Photogrammetry and Remote Sensing (IAPRS), 2006, 222-227.

[6] Benjemaa, R. and Schmitt, F. Fast global registration of 3D sampled surfaces using a multiz-buffer technique [J]. Image & Vision Computing, 1999, 17(2):113-123.

[7] Bentley J. L. Multidimensional divide-and-conquer [J]. Communications of the ACM, 1980, 23(4):214-229.

[8] Besl, P. and McKay, N. A method for registration of 3-D shapes [J]. IEEE Transactions on Pattern Analysis & Machine Intelligence, 1992, 14(2): 239-256.

[9] Biosca, J. M. and Lerma, J. L. Unsupervised robust planar segmentation of terrestrial laser scanner point clouds based on fuzzy clustering methods [J]. ISPRS Journal of Photogrammetry and Remote Sensing, 2008, 63 (1):84-98.

[10] Boyko, A. and Funkhouser, T. Extracting roads from dense point clouds in large scale urban environment [J]. ISPRS Journal of Photogrammetry & Remote Sensing, 2011, 66(6):S2-S12.

[11] Bremer, M., Rutzinger, M. and Wichmann, V. Derivation of tree skeletons and error assessment using LiDAR point cloud data of varying quality - ScienceDirect [J]. ISPRS Journal of Photogrammetry & Remote Sensing, 2013, 80(3):39-50.

[12] Bucksch, A., Lindenbergh, R. CAMPINO—A skeletonization method for point cloud processing [J]. ISPRS Journal of Photogrammetry and Remote Sensing, 2008, 63 (1):115-127.

[13] Bucksch, A., Lindenbergh, R., Rahman, A., et al. Breast height diameter estimation from high-density airborne LiDAR data [J]. Geoscience and Remote Sensing Letters, 2014, 11 (6):1056-1060.

[14] Burel, G. and Hénocq, H. Three-dimensional invariants and their application to object recognition [J]. Signal Processing, 1995, 45(1):1-22.

[15] Cabo, C., Ordoñez, C., García-Cortés, S., et al. An algorithm for automatic detection of pole-like street furniture objects from mobile laser scanner point clouds [J]. ISPRS Journal of Photogrammetry and Remote Sensing, 2014, 87:47-56.

[16] Censi, A. An ICP variant using a point-to-line metric [C]// IEEE International Conference on Robotics and Automation. IEEE, 2008:19-25.

[17] Chen, C., Hung, Y., and Cheng, J. RANSAC-based DARCES: A new approach to fast automatic registration of partially overlapping range images [J]. IEEE Transactions on Pattern Analysis & Machine Intelligence, 1999, 21(11):1229-1234.

[18] Chen, H. and Bhanu, B. 3D free-form object recognition in range images using local surface patches [J]. Pattern Recognition Letters, 2007, 28(10):1252-1262.

[19] Chen, X., Kohlmeyer, B., Stroila, M., et al. Next generation map making:geo-referenced ground-level LIDAR point clouds for automatic retro-reflective road feature extraction [C]// ACM Sigspatial International Symposium on Advances in Geographic Information Systems, Acm-Gis 2009, November 4-6, 2009, Seattle, Washington, USA, Proceedings. DBLP, 2009:488-491.

[20] Chen, Y., Medioni, G. Object Modelling by Registration of Multiple Range Images [J]. Image and Vision Computing, 1992, 10(3):145-155.

[21] Choi, Y., Jang, Y., Lee, H., et al. Three-dimensional LiDAR data classifying to extract road point in urban area [J]. IEEE Geoscience and Remote Sensing Letters, 2008, 5(4):725-729.

[22] Chua, C. and Javis, R. Point Signatures: A new representation for 3D object recognition [J]. International Journal of Computer Vision, 1997, 25(1):63-85.

[23] Culvenor, D. S. TIDA: an algorithm for the delineation of tree crowns in high spatial resolution remotely sensed imagery [J]. Computers & Geosciences, 2002, 28 (1):33-44.

[24] Dalponte, M., Bruzzone, L. and Gianelle, D. A system for the estimation of singletree stem diameter and volume using multireturn LIDAR data [J]. IEEE Transactions on Geoscience and Remote Sensing, 2011, 49 (7):2479-2490.

[25] Delagrange, S., Jauvin, C. and Rochon, P. PypeTree: A tool for reconstructing tree perennial tissues from point clouds [J]. Sensors, 2014, 14 (3):4271-4289.

[26] Díez, Y. et al. A qualitative review on 3D coarse registration methods [J]. ACM Comput. Surv. 2015, 47(3):1-45.

[27] Dimitrov, A., Golparvar-Fard, M. Segmentation of building point cloud models including detailed architectural/structural features and MEP systems [J]. Automation in Construction, 2015, 51:32-45.

[28] Druon, S., Aldon, M. J. and Crosnier, A. Color Constrained ICP for Registration of Large Unstructured 3D Color Data Sets [C]// IEEE International Conference on Information Acquisition. IEEE, 2007：249-255.

[29] Duraisamy, P., Belkhouche, Y., Jackson, S., et al. Automated two-dimensional-three-dimensional registration using intensity gradients for three-dimensional reconstruction [J]. Journal of Applied Remote Sensing, 2012, 6(1):063517.

[30] Edson, C. and Wing, M. G . Airborne light detection and ranging (LiDAR) for individual tree stem location, height, and biomass measurements [J]. Remote Sensing, 2011, 3 (11):2494-2528.

[31] Fang, C. and Ling, D. Investigation of the noise reduction provided by tree belts [J]. Landscape & Urban Planning, 2003, 63 (4):187-195.

[32] Fang, L. N. and Yang, B. S. Automated Extracting Structural Roads from Mobile Laser Scanning Point clouds [J]. Acta Geodaetica et Cargographica Sinica, 2013, 42(2):260-267.

[33] Fleishman, S., Cohen-Or, D. and Silva, C. T. Robust moving least-squares fitting with sharp features [J]. ACM Transaction on Graphics, 2005, 24(3):544-552.

[34] Foster, M. S., Schott, J. R. and Messinger, D. Spin-image target detection algorithm applied to low density 3D point clouds [J]. Journal of Applied Remote Sensing, 2008, 2(1):023539.

[35] Friedman, J. H., Bentley, J. L. and Finkel, R. A. An Algorithm for Finding Best Matches in Logarithmic Expected Time [J]. Acm Transactions on Mathematical Software, 1977,

3(3):209-226.

[36] Gautam, R. S., Singh, D. and Mittal, A. Application of principal component analysis and information fusion technique to detect hotspots in NOAA/AVHRR images of Jharia coalfield, India [J]. Journal of Applied Remote Sensing, 2007, 1(1):013523.

[37] Gelfand, N., Rusinkiewicz, S., Ikemoto, L., et al. Geometrically Stable Sampling for the ICP Algorithm [C]// International Conference on 3-D Digital Imaging and Modeling, 2003. 3dim 2003. Proceedings. 2003:260-267.

[38] Gelfand, N., Mitra, N. J., Guibas, L. J., et al. Robust global registration [C]// Proceedings of the third Eurographics symposium on Geometry processing. Eurographics Association, 2005:197.

[39] Greenspan, M., and Godin, G. A nearest neighbor method for efficient ICP[C]// Proceedings of 3DIM01, 2001, 31(3):161-168.

[40] Guan, H., Li, J., Yu, Y., et al. Automated Road Information Extraction From Mobile Laser Scanning Data [J]. IEEE Transactions on Intelligent Transportation Systems, 2015, 16 (1):194-205.

[41] Guo, Y., Sohel, F., Bennamoun, M., et al. J. Rotational Projection Statistics for 3D Local Surface Description and Object Recognition [J]. International Journal of Computer Vision, 2013, 105(1):63-86.

[42] Guo, Y., Sohel, F., Bennamoun, M., et al. TriSI: A Distinctive Local Surface Descriptor for 3D Modeling and Object Recognition [C]// International Conference on Computer Graphics Theory and Applications. 2014.

[43] Guo, Y., Bennamoun, M., Sohel, F., et al. A Comprehensive Performance Evaluation of 3D Local Feature Descriptors [J]. International Journal of Computer Vision, 2016, 116(1):66-89.

[44] Han, J., Kim, D., Lee, M., et al. Road boundary detection and tracking for structured and unstructured roads using a 2D lidar sensor [J]. International Journal of Automotive Technology, 2014, 15(4):611-623.

[45] Han, J., Yin, P., He, Y., et al. Enhanced ICP for the Registration of Large-Scale 3D Environment Models: An Experimental Study [J]. Sensors, 2016, 16(2):228.

[46] Hernández, J. and Marcotegui, B. Filtering of Artifacts and Pavement Segmentation from Mobile LiDAR Data [J]. Laser Scanning IAPRS, 2009.

[47] Herumurti, D., Uchimura, K., Gou, K., et al. Urban road extraction based on hough

transform and region growing [C]// The Workshop on Frontiers of Computer Vision. IEEE, 2013：220-224.

[48] Hetzel, G., Leibe, B., Levi , P., et al. 3D Object Recognition from Range Images using Local Feature Histograms [C]// Computer Vision and Pattern Recognition, 2001. CVPR 2001. Proceedings of the 2001 IEEE Computer Society Conference on. IEEE, 2001.

[49] Hirschmugl, M., Ofner, M., Raggam, J., et al. Single tree detection in very high resolution remote sensing data [J]. Remote Sensing of Environment, 2007, 110 (4):533-544.

[50] Hu, X., Li, Y., Shan, J., et al. Road Centerline Extraction in Complex Urban Scenes From LiDAR Data Based on Multiple Features [J]. IEEE Transactions on Geoscience and Remote Sensing, 2014, 52(11):7448-7456.

[51] Hu, X., Li, X., and Zhang, Y. Fast Filtering of Lidar Point Cloud in Urban Areas Based on Scan Line Segmentation and GPU Acceleration [J]. IEEE Geoscience and Remote Sensing Letters, 2013, 10 (2):308-312.

[52] Hunter, G. M. Efficient Computation and Data Structures for Graphics [D]. Princeton University, 1978.

[53] Ibrahim, S.; Lichti, D. Curb-based street floor extraction frommobile terrestrial LiDAR point cloud. ISPRS Arch. 2012, 39, 193-198.

[54] Jaakkola, A., Hyyppä, J., Kukko, A., et al. A low-cost multi-sensoral mobile mapping system and its feasibility for tree measurements [J]. ISPRS Journal of Photogrammetry and Remote Sensing, 2010, 65 (6):514-522.

[55] Jaakkola, A., Hyyppä, J., Hyyppä, H., et al. Retrieval Algorithms for Road Surface Modelling Using Laser-Based Mobile Mapping [J]. Sensors, 2008, 8 (9):5238-5249.

[56] Jackins, C. L. and Tanimoto, S. L. Oct-trees and their use in representing three-dimensional objects [J]. Computer Graphics & Image Processing, 1980, 14(3):249-270.

[57] Jeon, B.K., Jang, J.H. and Hong, K.S. Road detection in SAR images using genetic algorithm with region growing concept [C]// International Conference on Image Processing, 2000. Proceedings. IEEE, 2000.

[58] Julge, K., Ellmann, A., and Gruno, A. Performance analysis of freeware filtering algorithms for determining ground surface from airborne laser scanning data [J]. Journal of Applied Remote Sensing. 2014, 8(1):083573.

[59] Jochem, A., Höfle, B. and Rutzinger, M. Extraction of vertical walls from mobile laser scanning data for solar potential assessment [J]. Remote Sensing, 2011, 3 (4):650-667.

[60] Johnson, A. E. and Kang, S. B. Registration and Integration of Textured 3-D Data [J]. Image and Vision Computing, 1999, (17):135-147.

[61] Jutras, P., Prasher, S. O. and Mehuys, G. R. Prediction of street tree morphological parameters using artificial neural networks. Comput [J]. Computers and Electronics in Agriculture, 2009, 67 (1):9-17.

[62] Kankare, V., Holopainen, M., Vastaranta, M., et al. Individual tree biomass estimation using terrestrial laser scanning [J]. ISPRS Journal of Photogrammetry and Remote Sensing, 2013, 75: 64-75.

[63] Kato, A., Moskal, L. M., Schiess, P., et al. Capturing tree crown formation through implicit surface reconstruction using airborne lidar data [J]. Remote Sensing of Environment, 2009, 113 (6):1148-1162.

[64] Koch, B., Heyder, U. and Weinacker, H. Detection of individual tree crowns in airborne lidar data. Photogram [J]. Photogramm Eng Remote Sensing, 2006, 72 (4):357-363.

[65] Kumar, P., Mcelhinney, C. P., Lewis, P., et al. An automated algorithm for extracting road edges from terrestrial mobile LiDAR data [J]. ISPRS Journal of Photogrammetry and Remote Sensing, 2013, 85(11):44-55.

[66] Kwak, D., Lee, W., Lee, J., et al. Detection of individual trees and estimation of tree height using LiDAR data [J]. Journal of Forest Research, 2007, 12 (6):425-434.

[67] Lalonde, J. F., Vandapel, N., Huber, D. F., et al. Natural terrain classification using three-dimensional ladar data for ground robot mobility [J]. Journal of Field Robotics, 2006, 23 (10):839-861.

[68] Lam, J., Kusevic, K., Mrstik, P., et al. Urban Scene Extraction from Mobile Ground Based LiDAR Data [C]//In 5th International Symposium on 3D Data, Visualization, transmission, 2010:1-8.

[69] Lee, H., Slatton, K. C., Roth, B. E., et al. Adaptive clustering of airborne LiDAR data to segment individual tree crowns in managed pine forests [J]. International Journal of Remote Sensing, 2010, 31 (1):117-139.

[70] Lehtomäki, M., Jaakkola, A., Hyyppä, J., et al. Detection of vertical pole-like objects in a road environment using vehicle-based laser scanning data [J]. Remote Sensing, 2010, 2 (3):641-664.

[71] Li, P., Wang, J., Zhao, Y., et al. Improved algorithm for point cloud registration based on fast point feature histograms [J]. Journal of Applied Remote Sensing, 2016, 10(4):45024.

[72] Li, W., and Song, P. A modified ICP algorithm based on dynamic adjustment factor for registration of point cloud and CAD model [J]. Pattern Recognition Letters, 2015, 65:88-94.

[73] Li, X., Jing, L., Lin, Q., et al. A new region growing-based segmentation method for high resolution remote sensing imagery [C]// Geoscience and Remote Sensing Symposium. IEEE, 2015:4328-4331.

[74] Low, K. L. Linear Least-Squares Optimization for Point-to-Plane ICP Surface Registration [J]. Chapel Hill, 2004.

[75] Lu, J., Chen, Y., Li, B. F., et al. Robust Total Least Squares with reweighting iteration for three-dimensional similarity transformation [J]. Survey Review. 2014, 46(334):28-36.

[76] Lu, P., Du, K., Yu, W., et al. A New Region Growing-Based Method for Road Network Extraction and Its Application on Different Resolution SAR Images [J]. IEEE Journal of Selected Topics in Applied Earth Observations & Remote Sensing, 2015, 7(12):4772-4783.

[77] Lu, X., Guo, Q., Li, W., et al. A bottom-up approach to segment individual deciduous trees using leaf-off lidar point cloud data [J]. ISPRS Journal of Photogrammetry and Remote Sensing, 2014, 94:1-12.

[78] Maas, H. G., Bienert, A., Scheller, S., et al., Automatic forest inventory parameter determination from terrestrial laser scanner data [J]. International Journal of Remote Sensing, 2008, 29 (5):1579-1593.

[79] Maeyama, S., Ohya, A. and Yuta, S. Positioning by tree detection sensor and dead reckoning for outdoor navigation of a mobile robot [C]// IEEE International Conference on Multisensor Fusion & Integration for Intelligent Systems. IEEE, 1994:653-660.

[80] Masuda, T. Registration and integration of multiple range images for 3-D model\nconstruction [J]. Proc.cvpr Jun, 1996, 1(4):879-883 vol.1.

[81] Meek, D. S. and Walton, D. J. On surface normal and Gaussian curvature approximations given data sampled from a smooth surface [J]. Computer Aided Geometric Design, 2000, 17(6):521-543.

[82] Meyer, M., Desbrun, M., Schröder, P., et al. Discrete Differential-Geometry Operators for Triangulated 2-Manifolds [J]. Visualization & Mathematics, 2002, 3(8):35-57.

[83] Monnier, F., Vallet, B. and Soheilian, B. Trees Detection from Laser Point Clouds Acquired in Dense Urban Areas by a Mobile Mapping System [J]. ISPRS Annals of Photogrammetry, Remote Sensing and Spatial Information Sciences, 2012, I-3(I-3).

[84] Morsdorf, F., Meier, E., Kötz, B., et al. LIDAR-based geometric reconstruction of boreal type forest stands at single tree level for forest and wildland fire management [J]. Remote Sensing of Environment, 2004, 92 (3):353-362.

[85] Na, K., Byun, J., Roh, M., et al. The ground segmentation of 3D LIDAR point cloud with the optimized region merging [C]// International Conference on Connected Vehicles and Expo. IEEE, 2014: 445-450.

[86] Nalani, H. A. Automatic reconstruction of urban objects from mobile laser scanner data [D]. Technische Universität Dresden, Germany, 2014.

[87] Ogawa, T., Takagi, K. Lane Recognition Using On-vehicle LiDAR [C]// Intelligent Vehicles Symposium. IEEE, 2006.

[88] Omohundro, S. M. Efficient algorithms with neural network behaviour [J]. Journal of Complex Systems, 1987, 1(2):273-347.

[89] Park, S. Y., Subbarao, M. An accurate and fast point-to-plane registration technique[J]. Pattern Recognition Letters, 2003, 24(16):2967-2976.

[90] Pavlidis, T., Liow, Y. T. Integrating region growing and edge detection [J]. Pattern Analysis & Machine Intelligence IEEE Transactions on. 1990, 12(3):225-233.

[91] Pauling, F., Bosse, M. and Zlot, R. Automatic Segmentation of 3D Laser Point Clouds by Ellipsoidal Region Growing [C]// Proceedings of the 2009 Australasian Conference on Robotics and Automation, ACRA 2009. Curran Associates, 2009:11-20.

[92] Popescu, S. C., Wynne, R. H. and Nelson, R. F. Measuring individual tree crown diameter with lidar and assessing its influence on estimating forest volume and biomass [J]. Canadian Journal of Remote Sensing, 2003, 29 (5):564-577.

[93] Pouliot, D. A. and King, D. J. Development and evaluation of an automated tree detection delineation algorithm for monitoring regenerating coniferous forests [J]. Canadian Journal of Remote Sensing, 2005, 35 (10):2332-2345.

[94] Pu, S., Rutzinger, M., Vosselman, G., et al. Recognizing Basic Structures from Mobile Laser Scanning Data for Road Inventory Studies [J]. ISPRS Journal of Photogrammetry and Remote Sensing, 2011, 66 (6):S28–S39.

[95] Rabbania, T., Heuvel, F. A. and Vosselman, G . Segmentation of point clouds using smoothness constraint [C]// ISPRS Commission V Symposium Image Engineering and Vision Metrology, 2006, 36(5):248-253.

[96] Raumonen, P., Kaasalainen, M., Akerblom, M., et al. Fast automatic precision tree models

from terrestrial laser scanner data [J]. Remote Sensing, 2013, 5 (2):491-520.

[97] Rodríguez-Cuenca, B., García-Cortés, S., Ordóñez, C., et al. An approach to detect and delineate street curbs from MLS 3D point cloud data [J]. Automation in Construction, 2015, 51:103-112.

[98] Rosenfeld, A., Hummel, R. A. and Zucker, S. W. Scene labeling by relaxation operations [J]. IEEE Transactions on Systems, Man, and Cybernetics, 1976, 6:420-433.

[99] Rusu, R.B., Marton, Z.C., Blodow, N., et al. Persistent Point Feature Histograms for 3D Point Clouds [C]// of the, Int. Conf. on Intelligent Autonomous Systems. 2008.

[100] Rusu, R. B. Semantic 3D Object Maps for Everyday Manipulation in Human Living Environments, Künstliche Intelligenz [D], Technischen Universität München, Germany, 2010.

[101] Rusu, R. B., Blodow, N., and Beetz, M. Fast Point Feature Histograms (FPFH) for 3D registration [C]// IEEE International Conference on Robotics and Automation. IEEE Press, 2009：1848-1853.

[102] Rutzinger, M., Pratihast, A. K., Elberink, S., et al. Tree modelling from mobile laser scanning data-sets [J]. The Photogram Record, 2011, 26 (135):361-372.

[103] Sadjadi, F. A., and Hall, E. L. Three-dimensional moment invariants [J]. IEEE Transactions on Pattern Analysis and Machine Intelligence, 1980, 2(2):127-136.

[104] Santamaría, J., Cordon, O., and Damas, S. A comparative study of state-of-the-art evolutionary image registration methods for 3D modeling [J]. Computer Vision and Image Understanding, 2011, 115(9):1340-1354.

[105] Sappa, A. D., Devy, M. Restrepo-Sp. Range Image Registration by using an Edge-Based Representation [J]. Proceedings of Th International Symposium on Intelligent Robotic Systems, 2001.

[106] Schaffrin, B., Lee, I., Felus, Y., et al. Total least-squares (TLS) for geodetic straight-line and plane adjustment [J]. Bollettino Di Geodesia E Scienze Affini, 2006, 65(3):141-168.

[107] Schaffrin, B. A note on constrained total least-squares estimation [J]. Linear Algebra & Its Applications, 2006, 417(1):245-258.

[108] Schaffrin, B., and Felus, Y. A. An algorithmic approach to the total least-squares problem with linear and quadratic constraints [J]. Studia Geophysica Et Geodaetica, 2009, 53(1):1-16.

[109] Serna, A. and Marcotegui, B. Detection, segmentation and classification of 3D urban

objects using mathematical morphology and supervised learning [J]. ISPRS Journal of Photogrammetry and Remote Sensing, 2014, 93:243-255.

[110] Shen, Y., Hu, L., and Li, B. Morbidity Problems and Solutions of Bursa Model for Local Region Coordinate Transformation [J]. Acta Geodaetica et Cartographica Sinica, 2006, 35:95-98.

[111] Smadja, L., Ninot, J., and Gavrilovic, T. Road extraction and environment interpretation from Lidar sensors [J]. ISPRS Achieves, 2010, 38(3):281-286.

[112] Soeken, K. L. and Prescott, P. A. Issues in the use of kappa to estimate reliability [J]. Medical Care, 1986, 24(8):733-741.

[113] Soler, T. A compendium of transformation formulas useful in GPS work [J]. Journal of Geodesy, 1998, 72(7):482-490.

[114] Srinivasan, S., Popescu, S. C., Eriksson, M., et al. Multitemporal terrestrial laser scanning for modeling tree biomass change [J]. Forest Ecology and Management, 2014, 318(3):304-317.

[115] Ogawa, T. and Takagi, K. Lane Recognition Using On-vehicle LiDAR [C]// Intelligent Vehicles Symposium. IEEE, 2006:540-545.

[116] Tao, Y. Q., Gao, J. X., and Yao, Y. F., TLS algorithm for GPS height fitting based on robust estimation [J]. Survey Review, 2014, 46(336):184-188.

[117] Tarel, J., Civi, H., and Cooper, D. B. Pose estimation of free-form 3D objects without point matching using algebraic surface models [J]. in Proc of the IEEE Workshop on Model-Based 3D Image Analysis, 1998.

[118] Tombari, F., Salti, S., Stefano, L. D. Unique shape context for 3d data description [C]// 3DOR 2010; ACM workshop on 3D object retrieval. DEIS/ARCES University of Bologna Bologna, Italy; DEIS/ARCES University of Bologna Bologna, Italy;DEIS/ARCES University of Bologna Bologna, Italy, 2011.

[119] Tombari, F., Salti, S., Stefano, L.D. Performance Evaluation of 3D Keypoint Detectors [J]. International Journal of Computer Vision. 2013, 102:198220.

[120] Turk, G., Levoy, M. Zippered polygon meshes from range images [C]// Conference on Computer Graphics & Interactive Techniques. ACM, 1994.

[121] Leeuwen, M. V. and Nieuwenhuis, M. Retrieval of forest structural parameters using LiDAR remote sensing [J]. European Journal of Forest Research, 2010, 129 (4):749-770.

[122] Vega, C., Hamrouni, A., Mokhtari, S. E., et al. PTrees: a point-based approach to forest

tree extraction from lidar data [J]. International Journal of Applied Earth Observation and Geoinformation, 2014, 33:98-108.

[123] Vo, A., Truong-Hong, L., Laefer, D. F., et al. Octree-based region growing for point cloud segmentation [J]. ISPRS Journal of Photogrammetry and Remote Sensing, 2015, 104:88-100.

[124] Wahl, E., Hillenbrand, U. and Hirzinger, G. Surflet-Pair-Relation Histograms: A Statistical 3D-Shape Representation for Rapid Classification [C]//International Conference on 3-D Digital Imaging and Modeling, Proceedings. IEEE, 2003:474-481.

[125] Wang, H., Luo, H., Wen, C., et al. Road Boundaries Detection Based on Local Normal Saliency From Mobile Laser Scanning Data [J]. IEEE Geoscience & Remote Sensing Letters, 2015, 12 (10):2085-2089.

[126] Xin, X., Zou, L., Shen, X., et al. A region-growing approach for automatic outcrop fracture extraction from a three-dimensional point cloud [J]. Computers & Geosciences, 2017, 99(C):100-106.

[127] Wolf, H. Scale and orientation in combined Doppler and triangulation nets [J]. Bulletin Géodésique, 1980, 54(1):45-53.

[128] Wu, B., Yu, B., Huang, C., et al. Automated extraction of ground surface along urban roads from mobile laser scanning point clouds [J]. Remote Sensing Letters, 2016, 7 (2):170-179.

[129] Yamashita, A., Fujii, M. and Kaneko, T. Color Registration of Underwater Images for Underwater Sensing with Consideration of Light Attenuation [C]// IEEE International Conference on Robotics and Automation. IEEE, 2007:4570-4575.

[130] Yang, B., Fang, L. and Li, Q. Automated Extraction of Road Markings from Mobile Lidar Point Clouds [J]. Photogrammetric Engineering and Remote Sensing, 2012, 78(4):331-338.

[131] Yang, B., Fang, L. and Li, J. Semi-automated extraction and delineation of 3D roads of street scene from mobile laser scanning point clouds [J]. ISPRS Journal of Photogrammetry and Remote Sensing. 2013, 79, 80-93.

[132] Yao, W., Krzystek, P., Heurich, M. Enhanced detection of 3D individual trees in forested areas using airborne full-waveform LiDAR data by combining normalized cuts with spatial density clustering [J]. ISPRS Annals of Photogrammetry, Remote Sensing and Spatial Information Sciences, 2013, (1):349-354.

[133] Yu, Y., Jonathan, L., Guan, H., et al. Semiautomated Extraction of Street Light Poles From Mobile LiDAR Point-Clouds [J]. IEEE Transactions on Geoscience and Remote Sensing, 2014, 53(3):1374-1386.

[134] Yuan, X., Zhao, C. and Zhang, H. Road detection and corner extraction using high definition Lidar [J]. Information Technology Journal, 2010, 9(5):1022-1030.

[135] Yohannes, E. and Utaminingrum, F. Building Segmentation of Satellite Image Based on Area and Perimeter using Region Growing [J]. Indonesian Journal of Electrical Engineering and Computer Science, 2016, 3(3):579-585.

[136] Zang, H., Junyi, X., Liu, R., et al. An Extraction Method of Trees in Vehicle-Borne Laser Point Cloud Based on the Improved Region Growing Method [J]. Journal of Geomatics Science and Technology, 2015, (2):23-28.

[137] Zai, D., Li, J., Wen, C., et al. Rapid update of road features using a mobile LIDAR system [C]//Proceedings of 17th International IEEE Conference on Intelligent Transportation Systems, 2014:982-987.

[138] Zhang, Z. Iterative Point matching for registration of freeform curves and surfaces [J]. International Journal of Computer version, 1994, 13(2):119-152.

[139] Zhang, N. Filtering Method of Urban LiDAR Point Cloud Based on Slope and Region Growing Algorithm [J]. Geospat. Inf. 2016, 20, 71-77.

[140] Zhao, J. and You, S. Road network extraction from airborne LiDAR data using scene context [C]// IEEE Computer Society Conference on Computer Vision and Pattern Recognition Workshops. IEEE, 2012:9-16.

[141] Zhong, R., Wei, J., Su, W., et al. A method for extracting trees from vehicle-borne laser scanning data [J]. Mathematical & Computer Modelling, 2013, 58(3-4):727-736.

[142] Zhou, Y., Wang, D., Xie, X., et al. A Fast and Accurate Segmentation Method for Ordered LiDAR Point Cloud of Large-Scale Scenes [J]. IEEE Geoscience and Remote Sensing Letters, 2014, 11 (11):1981-1985.

[143] Zhu, J., Zheng, N., Yuan, Z., et al. Point-to-line metric based Iterative Closest Point with bounded scale [C]//Industrial Electronics and Applications, 2009. Iciea 2009. IEEE Conference on. IEEE, 2009:3032-3037.

[144] 安雁艳. 三维图像拼接算法的研究[D]. 太原：中北大学，2015.

[145] 崔希璋，於宗俦，陶本藻等. 广义测量平差（第二版）[M]. 武汉：武汉大学出版社，2009.

[146] 陈义仁，王一宾，彭张节等. 一种改进的散乱点云边界特征点提取算法[J]. 计算机工程与应用，2012，48(23): 177-180.

[147] 程俊廷，赵灿，王从军等. 基于参考点和 ICP 算法的点云数据重定位研究[J]. 计算计测量与控制，2006，14(9): 1222-1238.

[148] 戴静兰，陈志杨，叶修梓. ICP 算法在点云配准中的应用[J]. 中国图象图形学报，2007，12(3): 517-521.

[149] 戴楠，李传荣，苏国中等. 激光点云提取建筑物平面目标算法研究[J]. 微计算机信息，2010，(07): 205-207.

[150] 董保根. 机载 LiDAR 点云与遥感影像融合的地物分类技术研究[D]. 郑州：解放军信息工程大学，2013.

[151] 董道国，薛向阳，罗航哉. 多维数据索引结构回顾[J]. 计算机科学，2002，29(3): 1-6.

[152] 董彦芳，庞勇，许丽娜等. 高光谱遥感影像与机载 LiDAR 数据融合的地物提取方法研究[J]. 遥感信息，2014，29(6): 73-76，83.

[153] 方兴，曾文宪，刘经南等. 三维坐标转换的通用整体最小二乘算法[J]. 测绘学报，2014，43(11): 1139-1143.

[154] 官云兰，程效军，施贵刚. 一种稳健的点云数据平面拟合方法[J]. 同济大学学报：自然科学版，2008，36(7): 981-984.

[155] 惠文华，郭新成. 三维 GIS 中的八叉树空间索引研究[J]. 测绘通报，2003，(1): 25-27.

[156] 洪贝，孙继银. 图像配准技术研究[J]. 战术导弹控制技术，2006，54(3): 109-113.

[157] 胡国飞. 三维数字表面去噪光顺技术研究[D]. 杭州：浙江大学，2005.

[158] 柯映林，范树迁. 基于点云的边界特征直接提取技术[J]. 机械工程学报，2004，40(9): 116-120.

[159] 靳洁. 基于小波分析的地面三维激光扫描点云数据的滤波方法研究[D]. 西安：长安大学，2013.

[160] 李莽. 点云数据滤波处理及特征提取研究[D]. 北京：首都师范大学，2012.

[161] 李必卿，蔡勇. 一种改进的 ICP 算法在多视配准中的应用[J]. 机械工程师，2009，(2): 73-75.

[162] 李世飞，王平，沈振康. 迭代最近点算法研究进展[J]. 信号处理，2009，25(10): 1582-1588.

[163] 李永志，汪洋，刘亭. 一种使用激光雷达数据检测路边的方法[J]. 舰船电子对抗，

2012，35(01): 55-59.

[164] 梁永波. 基于拾取点与 ICP 算法的三维图形重定位于实现[J]. 煤矿机械，2006，27(8): 59-61.

[165] 林鹏. 任意旋转角下三维基准转换的整体最小二乘法[D]. 淮南：安徽理工大学，2015.

[166] 刘繁名，屈昊. ICP 算法的鲁棒性改进[J]. 仪器仪表学报，2004，25(4): 603-635.

[167] 路银北，张蕾，普杰信，杜鹏. 基于曲率的点云数据配准算法[J]. 计算机应用，2007，27(11): 2766-2769.

[168] 庞旭芳，庞明勇，肖春霞. 点云模型谷脊特征的提取与增强算法[J]. 自动化学报，2010，36(8): 1073-1083.

[169] 彭代峰，张永军，熊小东. 结合 LiDAR 点云和航空影像的建筑物三维变化检测[J]. 武汉大学学报: 信息科学版，2015，40(4): 462-468.

[170] 宋扬，潘懋，朱雷. 三维 GIS 中 R 树索引研究[J]. 计算机工程与应用，2004，40(14): 9-10.

[171] 孙殿柱，范志先，李延瑞. 散乱数据点云边界特征自动提取算法[J]. 华中科技大学学报: 自然科学版，2008，36(8): 82-84.

[172] 孙殿柱，孙永伟，李延瑞等. R*-树节点自适应聚类分簇算法[J]. 北京航空航天大学学报，2013，39(3): 344-348.

[173] 孙金虎，周来水，安鲁陵. 点云模型法矢调整优化算法[J]. 中国图象图形学报，2013，18(7): 844-851.

[174] 王丽辉. 三维点云数据处理的技术研究[D]. 北京：北京交通大学，2011.

[175] 王丽辉，袁保宗. 三维散乱点云模型的特征点检测[J]. 信号处理，2011，27(6): 932-938.

[176] 王瑶，万毅. 一种利用近似平均曲率提取散乱点云模型特征点的快速算法[J]. 甘肃科技，2010，26(14): 13-15.

[177] 吴涵，杨克俭. 基于 kd 树的多维索引在数据库中的运用[J]. 计算机应用，2007，26(9): 37-39.

[178] 徐工，曲国庆，卢鑫. 基于多传感器融合的移动测绘系统应用评述[J]. 传感器与微系统，2014，33(8): 1-4.

[179] 徐勇，裴海龙. 基于特征的机载激光点云与影像数据的融合[J]. 计算机测量与控制，2014，22(2): 607-610.

[180] 杨军. 点模型的降噪与三维重建算法研究[D]. 成都：西南交通大学，2007.

[181] 张娟娟. 稳健线性回归中再生权最小二乘法的有效性研究[D]. 太原：太原理工大学，2013.

[182] 张宁宁，杨英宝，于双. 基于坡度和区域生长的城市 LiDAR 点云滤波方法[J]. 地理空间信息，2016，14(3): 30-31.

[183] 张为，肖玉朝. 基于配准元素选择的改进 ICP 算法研究[J]. 计算机光盘软件与应用，2012，(19): 185-186.

[184] 张鑫，王章野，范涵奇等. 保特征的三维模型的三边滤波去噪算法[J]. 计算机辅助设计与图形学学报，2009，21(7): 936-942.

[185] 张宗华，彭翔，胡晓唐. 获取 ICP 匹配深度图像初值的研究[J]. 工程图学学报，2002，23(1): 78-84.

[186] 郑德华. 三维激光扫描数据处理的理论与方法[D]. 上海：同济大学，2005.

[187] 郑坤，朱良峰，吴信才等. 3D GIS 空间索引技术研究[J]. 地理与地理信息科学，2006，22(4): 35-39.

[188] 周薇，马晓丹，张丽娇等. 基于多源信息融合的果树冠层三维点云拼接方法研究[J]. 光学学报，2014，34(12): 1-8.

[189] 朱根松，周天瑞，潘海鹏等. 激光扫描点云数据的快速读取新方法[J]. 计算机系统应用，2007，(1): 102-104.

[190] 朱延娟，周来水，张丽艳. 散乱点云数据配准算法[J]. 计算机辅助设计与图形学学报，2006，18(4): 475-451.

[191] 邹冬，庞明勇. 点云模型特征的提取算法[J]. 农业机械学报，2011，42(11): 222-227.

[192] 邹进贵，田径，陈艳华等. 地基 SAR 与三维激光扫描数据融合方法研究[J]. 测绘地理信息，2015，40(3): 26-30.